非线性物理分析及飞行器的动态运动问题

（第二版）

Nonlinear Physical Analysis and Dynamical Motion of Aircraft
(Second Edition)

张涵信　叶友达　田　浩　著

科学出版社
北　京

内 容 简 介

本书介绍了非线性动力学的若干基本知识及其在流体力学中的应用。作者以非线性物理分析为基础，利用连续、稀薄气体流动和飞行力学运动耦合的数值方法研究气动力的规律和飞行器所描述的运动发展的形态，对飞行器俯仰、滚动单自由度，俯仰和滚动耦合的双自由度，俯仰、滚动与偏航三自由度以及六自由度耦合的动态稳定性做了分析和计算，给出了高空高超声速飞行器的动稳定性判则，并进行了验证。这些结果将推动高超声速飞行器的研制。

本书可作为空气动力学专业本科和研究生的教材，也可作为相关专业研究和设计人员的参考书。

图书在版编目(CIP)数据

非线性物理分析及飞行器的动态运动问题/张涵信，叶友达，田浩著. —2 版.
—北京：科学出版社，2020.6
  ISBN 978-7-03-065022-1

  Ⅰ.①非… Ⅱ.①张… ②叶… ③田… Ⅲ.①飞行器-非线性-物理分析
Ⅳ.①V47

中国版本图书馆 CIP 数据核字(2020) 第 074825 号

责任编辑：赵敬伟 赵 颖／责任校对：彭珍珍
责任印制：吴兆东／封面设计：无极书装

科学出版社 出版
北京东黄城根北街 16 号
邮政编码：100717
http://www.sciencep.com

北京虎彩文化传播有限公司 印刷
科学出版社发行 各地新华书店经销
*
2020 年 6 月第 一 版 开本：720 × 1000 B5
2020 年 6 月第一次印刷 印张：12 3/4 插页：3
字数：212 000
定价：89.00 元
(如有印装质量问题，我社负责调换)

前　言

　　1903 年 12 月，莱特兄弟成功地完成了世界上第一架飞机的试飞试验，他们同时发现，为了控制或操纵飞机，必须了解飞机的静、动稳定性，从此飞行器的稳定性就成为重要的研究课题。从飞行器的飞行力学方程出发，可知飞行器的力学性能依赖于气动力在飞行器上的分布及飞行器材料的质量分布，而飞行器的气动力分布又依赖于绕流的状况，材料的质量分布依赖于飞行器的外形设计，所以飞行力学系统是一个复杂的非线性的耦合系统。现在，利用计算机已能求其系统的数值解。人们希望同时能给出稳定性的分析，目前的研究工作，是借助于非线性动力学理论。大家知道，飞行力学系统是耗散性的。耗散系统非线性方程的解最后可能有以下四类：① 由初始非定态解过渡到定态解 (有时也叫定常解)。给定初始条件和边界条件后，经过初始阶段的暂态过程 (与初始条件有关)，解最后达到稳定状态，该状态不再随时间变化。② 周期解。在这种情况下，解不是定态的，而是周而复始的重复，它具有一定的振荡周期。在相平面或相空间内，其轨迹为闭曲线。③ 准周期解。这种解也是周期振荡解，但它包含了不止一个不可约振荡频率。④ 混沌解。这个解没有确定的波形，从而没有一定的周期。这四类解也叫四种吸引子。第一种叫点吸引子，第二种叫周期吸引子，第三种叫准周期吸引子，第四种叫混沌吸引子或奇异吸引子。每种吸引子分别对应各自的相图结构，吸引子的改变是对应结构的变化，这意味着其间出现结构的不稳定性，也叫分叉。非线性动力学的分析方法对流体力学很有意义。本书先叙述一些在流体力学各方面的应用，然后以非线性物理分析为基础，利用飞行力学和气动力学耦合的数值方法研究气动力的规律和飞行器所描述的运动发展的形态,即飞行器的动稳定性。

本书是集体创作,由张涵信主写,叶友达和田浩承担部分编写以及全部审查编排。为叙述方便,内容分成两个部分:第一部分由第1~5章组成,其每章的内容又可分为两段,一段是从他人文献中摘用的非线性动力学的基本知识,另一段是张涵信等在流体力学的应用;第二部分包含第6~11章,对飞行器俯仰、滚动单自由度、俯仰和滚动耦合的双自由度和俯仰、滚动及偏航耦合三自由度以及还考虑移动的六自由度的动稳定性作了分析和计算。第6章由张涵信主写,他在总结已有稳定性判则基础上提出了李雅普诺夫(Lyapunov)指数判则。第7、8章是张涵信和田浩根据袁先旭、刘伟等发表的文章改写而成。其飞行器运动的姿态角、运动方程与流动 N-S 方程,DSMC 耦合的方法均引自张涵信和其合作者的文章。第9~11章出自于叶友达、田浩所写的文稿。第一部分内容,2010 年前后在亚洲计算流体力学研讨会上以"非线性动力学及其在流体力学中的应用"为题交流过;第二部分在最近飞行器动稳定性的研讨会上做过多次报告和研讨。

关于本书我们有以下认识:第一,利用非线性动力学和非定常气动方程的解相耦合开展飞行器动态稳定特性演化的研究是作者首先尝试的方法,难免有不当之处;第二,为了完成非线性稳定性判则的分析,需要准确给出气动系数,非定常流动方程求解气动系数对多维问题是很复杂的,我们已有能力解决,但为了叙述简单,书中只对单自由度的计算做了详细的分析,重点突出稳定性判则;第三,如果飞行器外形复杂或流动复杂,在利用非线性动力学作稳定性分析时,最好依赖计算机推导公式和计算机做计算。

本书是 2018 年出版的《非线性物理分析及飞行器的动态运动问题》

的增补，对增补内容特作如下说明。① 给出了连续、稀薄气体流动和飞行力学运动耦合计算的方程、思路和方法。② 如果耦合计算所求状态定量为 $X = (x_1, x_2, \cdots, x_n)^{\mathrm{T}}$，方程一般形式为 $\dot{X} = f(x, t)$，仅在弱非定常情况下为 $\dot{X} = f(x)$。③ 对单自由度的动态运动稳定性分析从一般的方程出发，并作深入的非线性物理分析和耦合计算的结合；对多自由度问题，稳定性分析从弱非定常流动出发，耦合计算不受此限。④ 利用弱非定常的假定所给出稳定性分析的方法对各自由度情况都适用。这些重要增补，集中在第 6~8 章，其他多处还有无需特别说明的局部修改。

　　本书的编著得到了袁先旭、刘伟、陈坚强、张来平、张树海、沈清、袁湘江、李沁、谢昱飞、张兆、张现峰等同志的帮助，中国空气动力研究与发展中心计算空气动力研究所也给予了大力支持，在此表示深切的感谢。由于水平有限，本书难免存在不妥之处，敬请读者批评指正。

张涵信

2019 年 5 月 3 日

目　　录

第 1 章　引　　论

大家知道，控制连续介质流体运动的方程组是 Navier-Stokes (N-S)
方程组。在无黏性假定下，它为欧拉 (Euler) 方程。对于欧拉方程，当
来流是均匀的且流动不可压缩时，绕过物体的流场，可转化为拉普拉斯
(Laplace) 方程，此时，描述流动的方程组是线性的。除此之外，在一般
情况下，描述流体运动的方程组是非线性的。非线性的流体动力学方程，
只在极个别的情况下有精确的解析解；一般情况下，它没有精确的解析
解。正是因为这种情况，电子计算机出现前，主要依靠实验解决气动问
题。力学界流行用摄动法求其方程的近似解析解，但这也是在不很复杂
的情况才能这样做。电子计算机出现后，利用数值方法可求其方程的数
值解，并且适用于包括非定常很复杂的情况，这是很大的进展。另外，对
于其他物质组成的系统其非线性特征也是普遍存在的。为了认识问题的
本质，学术界发展了包括混沌理论在内的非线性动力学方法。作者认为
从方法上看，如能深刻的和流体力学结合起来，定能促进流体力学学科
的发展，这是想写此书的目的。此外，对未来也是有好处的。早在 1978
年，钱学森就指出可利用计算机求解 N-S 方程，如可计算给出湍流时，
非线性理论进行物理分析能更深刻地认识湍流，所以两者结合对现在和
将来都是重要的。

流体运动的方程组是耗散型的。根据耗散系统的非线性理论，从非
定常观点看，非线性方程的解有以下四类。

1. 定态解

有时也叫定常解。给定初始条件和边界条件后，经过初始阶段的暂

态过程 (与初始条件有关), 解最后达到稳定的状态, 该状态不再随时间变化。

大家知道, 气体动力学方程的解取决于许多参数 (如绕流问题) 这些参数是 Ma (马赫数)、Re (雷诺数)、α (攻角) 等。在某些参数范围内, 定态解是稳定的, 即外加扰动, 解发生变化, 一旦取消外加的扰动源, 会自动恢复到原来的定态解。但是如果参数改变, 在另一些参数范围内, 解是不稳定的, 即一旦解受到扰动, 它就恢复不到原来的定态解。层流到湍流的转捩, 是雷诺 (Reynolds) 数到达某临界数值后, 层流解不再能保持其稳定性。短钝体飞船, 当再入速度变低时, 流态也会丧失稳定性。细长体有攻角绕流流态的演化, 也是攻角到达某临界数值后, 原有的解丧失其稳定性的结果。

在 CFD(computational fluid dynamics) 中, 常常用稳定法求解定常问题。这里我们假定, 存在稳定的定态解。否则一旦受到扰动, 或者由于数值计算中的误差 (也算扰动) 就得不到希望得到的解。

2. 周期解

这种情况下的解不是定态的, 而是周而复始的重复, 它具有确定的振荡周期, 在相平面或相空间内, 其轨迹为闭曲线。对于二维圆柱绕流, 其后有时会出现 Karman 涡列现象, 它就是典型的周期振荡。细长体有攻角绕流, 在某一攻角范围内也存在周期振荡解。在流体力学中, 存在许多的周期振荡解, 这点以后我们还要涉及。

3. 准周期解

这种解也是周期振荡解, 但它包含了不止一个不可约振荡频率。事实上, 流体运动中大部分的周期振荡都可能会发展为准周期的运动。

4. 混沌解

这个解的振荡没有确定的波形，从而没有一定的周期。

根据非线性理论，由周期振荡通向混沌的道路有 3 条。

第一条：倍周期道路，也称 Feigenbaum 道路，它是 Feigenbaum 首先指出的，可用图 1-1 表示。

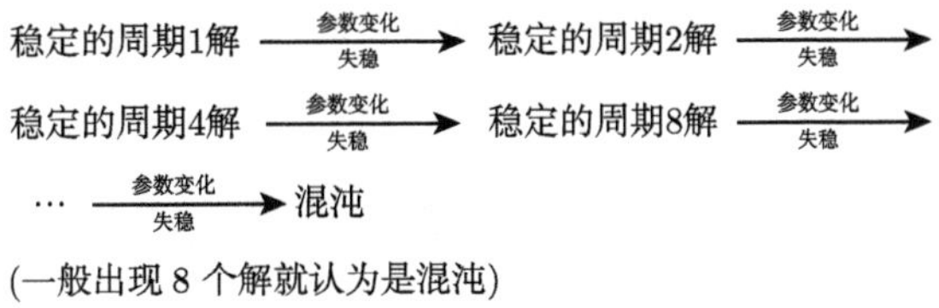

稳定的周期1解 $\xrightarrow[\text{失稳}]{\text{参数变化}}$ 稳定的周期2解 $\xrightarrow[\text{失稳}]{\text{参数变化}}$

稳定的周期4解 $\xrightarrow[\text{失稳}]{\text{参数变化}}$ 稳定的周期8解 $\xrightarrow[\text{失稳}]{\text{参数变化}}$

$\cdots \xrightarrow[\text{失稳}]{\text{参数变化}}$ 混沌

(一般出现 8 个解就认为是混沌)

图 1-1　倍周期道路示意图

第二条：准周期道路，也称 Reulle 和 Takes 道路，可用图 1-2 表示。

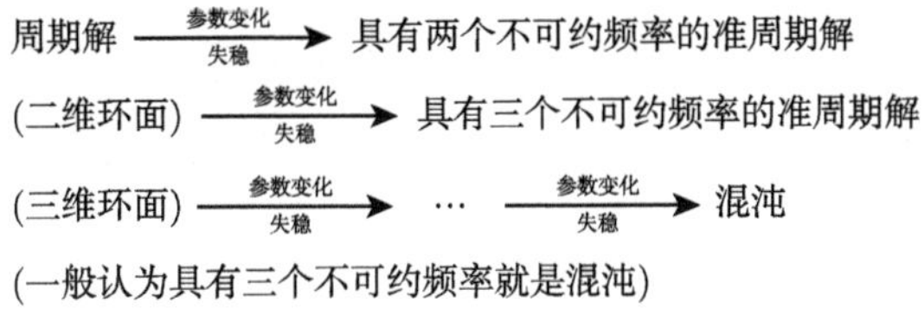

周期解 $\xrightarrow[\text{失稳}]{\text{参数变化}}$ 具有两个不可约频率的准周期解

(二维环面) $\xrightarrow[\text{失稳}]{\text{参数变化}}$ 具有三个不可约频率的准周期解

(三维环面) $\xrightarrow[\text{失稳}]{\text{参数变化}}$ $\cdots$ $\xrightarrow[\text{失稳}]{\text{参数变化}}$ 混沌

(一般认为具有三个不可约频率就是混沌)

图 1-2　准周期道路示意图

第三条：间歇道路，也称 Pomean–Mannevill 道路，可用图 1-3 表示。

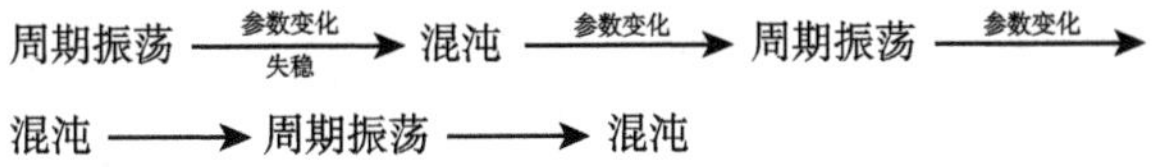

周期振荡 $\xrightarrow[\text{失稳}]{\text{参数变化}}$ 混沌 $\xrightarrow{\text{参数变化}}$ 周期振荡 $\xrightarrow{\text{参数变化}}$

混沌 $\longrightarrow$ 周期振荡 $\longrightarrow$ 混沌

图 1-3　间歇道路示意图

实际上，在很多物理问题中，通向混沌的道路可能是以上二种或三种的组合。

以上讲的四种解，也叫四种吸引子。第一种稳定的定态解，叫做点吸引子。第二种周期振荡解，叫做周期吸引子，第三种准周期运动，叫做准周期吸引子。第四种混沌运动，叫做混沌吸引子或奇异吸引子。现在的 CFD 绝大部分工作是求解第一种吸引子。目前已有工作涉及第二种吸引子，第三、四种吸引子的计算也是刚刚开始。

这里有个问题：四种吸引子的关系如何，是怎样形成的？

关于定态解，我们前面已经说过，它的特征与参数相关，在一定参数范围内，它是稳定的，但在另一参数范围内它是不稳定的。不稳定解又会变成什么？根据目前的认识，有两种前途，一种是变成结构上和以前完全不同的定态解；另一种可能变成周期解，如图 1-4 所示。

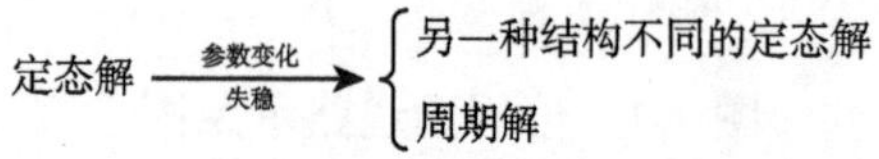

$$定态解 \xrightarrow[失稳]{参数变化} \begin{cases} 另一种结构不同的定态解 \\ 周期解 \end{cases}$$

图 1-4　定态解随参数演化示意图

关于周期解，随参数的变化，也有稳定问题，达到某临界参数后，它可能变成倍周期解，也可能变成具有不可约频率的准周期解，还可能变成倍周期和具有组合各种不可约频率的准周期的混合解，如图 1-5 所示。

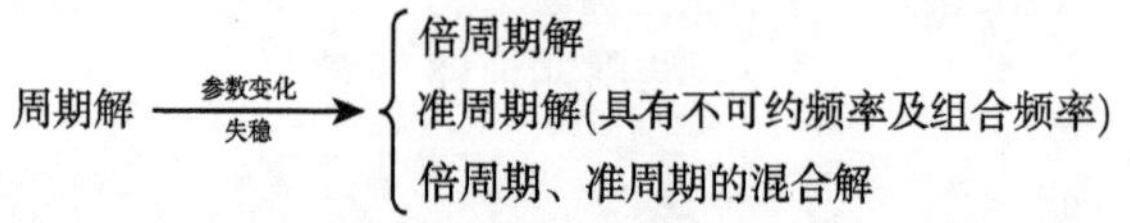

$$周期解 \xrightarrow[失稳]{参数变化} \begin{cases} 倍周期解 \\ 准周期解(具有不可约频率及组合频率) \\ 倍周期、准周期的混合解 \end{cases}$$

图 1-5　周期解随参数演化示意图

关于混沌解，上面已经谈到了它的形成道路。综上所述，我们可以看到，四种吸引子是相互联系的，定态解可变为周期解，周期解可变为准周期解，准周期解可变为混沌解。每种吸引子，彼此结构都不相同。因此，由一种吸引子到另一种吸引子是结构的变化。也就是说，随参数的变化，原来的流场结构不稳定了，于是就要改变，改变成新的结构。这里提出了两个概念，一个是结构不稳定；另一个是结构改变，变成新的结构，这种改变，在非线性理论中叫做分叉。因此，结构不稳定性和分叉是联系在一起的,只有出现结构不稳定性,才能出现分叉。

以上分析表明,具有点吸引子的流动方程的解是定态解。具有周期、准周期和混沌吸引子的流动方程的解是非定态的。在流体运动中,广泛存在的是非定态解。因此流体力学和非线性分析相结合是自然的,是很有意义的。

第 2 章 临界点理论的定态解及二维分离流动流场结构

2.1 自治动力系统的临界点理论

为了讨论方便，这里仅研究以下二维非线性常微分方程组所构成的动力系统 [1-5]

$$
\begin{cases}
\dot{x} = f(x, y) \\
\dot{y} = g(x, y)
\end{cases}
\tag{2-1}
$$

式中，$\dot{x} = \dfrac{\mathrm{d}x}{\mathrm{d}t}$，$\dot{y} = \dfrac{\mathrm{d}y}{\mathrm{d}t}$；$f$、$g$ 分别是 x、y 的非线性函数；t 表示时间。在式 (2-1) 中，我们假定 f、g 不明显包含 t，所以式 (2-1) 形成一个自治系统；如果 f、g 明显包含 t，它是非自治系统。以下我们仅讨论自治系统。

所谓定常状态，就是式 (2-1) 在 $\dot{x} = 0$ 和 $\dot{y} = 0$ 的情况，此时

$$
\begin{cases}
f(x_\mathrm{c}, y_\mathrm{c}) = 0 \\
g(x_\mathrm{c}, y_\mathrm{c}) = 0
\end{cases}
\tag{2-2}
$$

式中，x_c、y_c 表示定常状态的解，也叫定态解。由于 $(x_\mathrm{c},\, y_\mathrm{c})$ 在 xOy 平面上表示一个点，这个点为临界点。因此研究动力系统在定态解附近的形态，实际上就是研究解在临界点附近的形态。我们将 $f(x, y)$，$g(x, y)$ 在 $(x_\mathrm{c}, y_\mathrm{c})$ 点泰勒 (Taylor) 展开，于是有

$$
\begin{cases}
f\left(x,y\right) = f\left(x_{\mathrm{c}},y_{\mathrm{c}}\right) + \left(\dfrac{\partial f}{\partial x}\right)_{\mathrm{c}}\left(x-x_{\mathrm{c}}\right) + \left(\dfrac{\partial f}{\partial y}\right)_{\mathrm{c}}\left(y-y_{\mathrm{c}}\right) \\
\qquad\quad + M\left[\left(x-x_{\mathrm{c}}\right),\left(y-y_{\mathrm{c}}\right)\right] \\
g\left(x,y\right) = g\left(x_{\mathrm{c}},y_{\mathrm{c}}\right) + \left(\dfrac{\partial g}{\partial x}\right)_{\mathrm{c}}\left(x-x_{\mathrm{c}}\right) + \left(\dfrac{\partial g}{\partial y}\right)_{\mathrm{c}}\left(y-y_{\mathrm{c}}\right) \\
\qquad\quad + N\left[\left(x-x_{\mathrm{c}}\right),\left(y-y_{\mathrm{c}}\right)\right]
\end{cases}
$$

式中，M 和 N 是 $(x-x_{\mathrm{c}})$ 和 $(y-y_{\mathrm{c}})$ 二阶以上的小量项，下标 c 表示在 $(x_{\mathrm{c}},\,y_{\mathrm{c}})$ 处取值。利用式 (2-2)，上式可写成

$$
\begin{cases}
f\left(x,y\right) = a\zeta + b\eta + M\left(\zeta,\eta\right) \\
g\left(x,y\right) = c\zeta + d\eta + N\left(\zeta,\eta\right)
\end{cases}
\tag{2-3}
$$

式中，$\zeta = x - x_{\mathrm{c}}$；$\eta = y - y_{\mathrm{c}}$；$a = \left(\dfrac{\partial f}{\partial x}\right)_{\mathrm{c}}$；$b = \left(\dfrac{\partial f}{\partial y}\right)_{\mathrm{c}}$；$c = \left(\dfrac{\partial g}{\partial x}\right)_{\mathrm{c}}$；$d = \left(\dfrac{\partial g}{\partial y}\right)_{\mathrm{c}}$。

将式 (2-3) 代入式 (2-1)，可以得到

$$
\begin{cases}
\dot{\zeta} = a\zeta + b\eta + M\left(\zeta,\eta\right) \\
\dot{\eta} = c\zeta + d\eta + N\left(\zeta,\eta\right)
\end{cases}
\tag{2-4}
$$

式 (2-4) 描述了动力系统 (2-1) 在临界点 $(x_{\mathrm{c}},\,y_{\mathrm{c}})$ 或者 $\zeta = \eta = 0$ 附近的形态。

2.1.1 一次近似条件下的形态

由于在式 (2-4) 中，M 和 N 是关于 ζ、η 的二阶以上的小量项，因此作为近似，我们把它们略掉，这就成为以下一次近似系统：

$$
\begin{cases}
\dot{\zeta} = a\zeta + b\eta \\
\dot{\eta} = c\zeta + d\eta
\end{cases}
\tag{2-5}
$$

设式 (2-5) 的解可写成

$$
\begin{cases}
\zeta = Ae^{\lambda t} \\
\eta = Be^{\lambda t}
\end{cases}
\tag{2-6}
$$

将式 (2-6) 代入式 (2-5), 整理后得

$$
\begin{cases}
(a - \lambda) A + b \cdot B = 0 \\
c \cdot A + (d - \lambda) B = 0
\end{cases}
$$

为了得到 A 和 B 的非零解, 显然下式必须成立

$$
\begin{vmatrix}
a - \lambda & b \\
c & d - \lambda
\end{vmatrix} = 0
$$

该式给出

$$
\lambda^2 + p\lambda + q = 0
\tag{2-7}
$$

式中

$$
p = -(a + d)
\tag{2-8}
$$

$$
q = ad - bc
\tag{2-9}
$$

式 (2-7) 称为特征方程, 其特征根可表示如下

$$
\lambda_{1,2} = \mathrm{Re}\lambda_{1,2} + \mathrm{iIm}\lambda_{1,2} = \frac{-p \pm \sqrt{p^2 - 4q}}{2}
\tag{2-10}
$$

其中, $\mathrm{Re}\lambda_1$、$\mathrm{Im}\lambda_1$ 以及 $\mathrm{Re}\lambda_2$、$\mathrm{Im}\lambda_2$ 分别表示 λ_1 和 λ_2 的实部和虚部。

下面在参数 pOq 平面上来讨论 λ 及解的形态。如图 2-1(a) 所示, 在 pOq 平面上, 可分成 9 个区域: 它们分别由 $p=0$, $q=0$ 以及 $p^2 - 4q = 0$ 所分割而成。对于九个区域, 图 2-1(b) 和 (c) 分别标出了特征根的实部和虚部, 还标出了解的形态。应该特别指出以下几点。

(1) 对于特征根的实部全小于零的区域 ($\mathrm{Re}\lambda_{1,2} < 0$) (如区域①③⑤), 系统的定态解是稳定的。因为在这种情况下, 当 $t \to \infty$ 时, $\zeta \to$

0，$\eta \to 0$。此外，鉴于二维动力系统的临界点是微分方程

$$\frac{\mathrm{d}y}{\mathrm{d}x} = \frac{g(x,y)}{f(x,y)}$$

的奇点，所以在分析解在临界点的形态时，很多文献也叫做奇点附近解的形态分析。如图 2-1(c) 所示，引用了焦点、结点、鞍点、临界结点、退化结点和中心点的概念。

(2) 如果特征根有一个实部 $\mathrm{Re}\lambda > 0$ (如区域②④⑥⑦)，则定态解是不稳定的，此时当 $t \to \infty$ 时，$\zeta \to \infty$，$\eta \to \infty$。

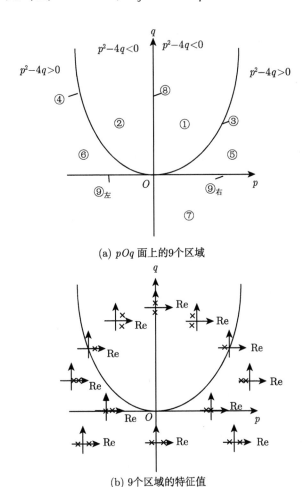

(a) pOq 面上的9个区域

(b) 9个区域的特征值

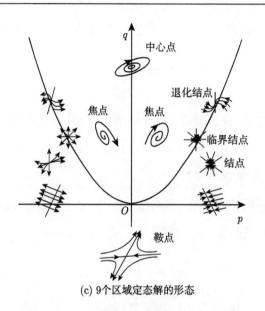

(c) 9 个区域定态解的形态

图 2-1　pOq 平面内的特征值及解的形态

(3) 如果特征根的实部为零 (如区域⑧⑨左⑨右), 其情况比较复杂, 究竟形态如何要作细致分析。但是从上面关于稳定性的讨论来看, 一个稳定的形态 ($\mathrm{Re}\lambda_{1,2} < 0$) 要丧失其稳定性 ($\mathrm{Re}\lambda > 0$), 必须通过

$$\mathrm{Re}\lambda = 0$$

这就是以后将要讨论的分叉条件。

2.1.2　非线性情况下的形态

上面讨论的临界点的形态是在一次近似条件下给出的。对于一般非线性的情况, 如图 2-1 给出的形态是否正确呢? 下面介绍的佩龙 (Perron) 定理可以回答这个问题 [1]。

Perron 定理　　对于非线性系统:

$$\begin{cases} \dfrac{\mathrm{d}\zeta}{\mathrm{d}t} = a\zeta + b\eta + M\left(\zeta, \eta\right) \\ \dfrac{\mathrm{d}\eta}{\mathrm{d}t} = c\zeta + d\eta + N\left(\zeta, \eta\right) \end{cases}$$

如果 $M(0,0) = 0$，$N(0,0) = 0$，且 $M(\zeta, \eta) = 0(r^{\varepsilon+1})$，$N(\zeta, \eta) = 0(r^{\varepsilon+1})$，其中 $r = \sqrt{\zeta^2 + \eta^2}$，$\varepsilon > 0$，则当奇点 (0,0) 分别对应于一次近似系统的焦点、非临界结点及鞍点时，奇点 (0,0) 也分别是原非线性系统的焦点、结点和鞍点；如果奇点 (0,0) 是一次近似系统的中心点，则奇点 (0,0) 是非线性系统的中心点或者焦点。

我们不去证明 Perron 定理，这里仅直接引用它。该定理说明，在 Perron 定理成立的条件下，一次近似给出的临界点附近的形态，一般说来在非线性情况下也是正确的，仅有个别情况需要做更细致的讨论。

2.2　二维分离流动流场结构的研究

作为动力系统临界点理论的应用，这节研究二维分离流动流场的结构。大家知道，分离流场包含若干旋涡，对于定常流动，旋涡的中心速度为零，也就是说，旋涡的中心是流线方程的临界点或奇点。另外，两个旋涡很难直接联结，其间总常有速度为零的点 (以下将要证明，这速度为零的点就是鞍点)。因此研究流线方程的临界点并且搞清临界点附近流线的形状对说明流场的结构，是非常有意义的，本节的目的就是研究这一问题。

在二维定常分离流场内，流线方程的奇点满足如下规律 [6]。

2.2.1　流场内鞍点或中心点规律

在流场内，流线方程只可能存在两种奇点：鞍点或中心点。我们来证明这个规律。事实上，在直角坐标系 xOy 内，流线的方程是

$$\frac{\mathrm{d}y}{\mathrm{d}x} = \frac{v}{u}$$

设 "0" 点是流线方程的临界点，即 $u_0 = v_0 = 0$，不失一般性，我们将坐标原点置于 "0" 点，显然，在 "0" 点附近利用 Taylor 展开公式，流

线方程可表达为

$$\frac{\mathrm{d}y}{\mathrm{d}x} = \frac{cx + dy + N(x,y)}{ax + by + M(x,y)} \tag{2-11}$$

式中, $a = \left(\dfrac{\partial u}{\partial x}\right)_0$, $b = \left(\dfrac{\partial u}{\partial y}\right)_0$, $c = \left(\dfrac{\partial v}{\partial x}\right)_0$, $d = \left(\dfrac{\partial v}{\partial y}\right)_0$; N, M 是 x、y 二阶以上的小量项, 下标 "0" 表示在临界点 "0" 处取值。根据 Perron 定理, 分析流线在临界点处的性质, 可采用如下一阶近似

$$\frac{\mathrm{d}y}{\mathrm{d}x} = \frac{cx + dy}{ax + by} \tag{2-12}$$

在定常运动情况下, 连续性方程给出

$$\frac{\partial \rho u}{\partial x} + \frac{\partial \rho v}{\partial y} = u\frac{\partial \rho}{\partial x} + v\frac{\partial \rho}{\partial y} + \rho\left(\frac{\partial u}{\partial x} + \frac{\partial v}{\partial y}\right) = 0$$

式中, ρ 是流体的密度。如果将此方程用于临界点, 可以得到

$$\left(\frac{\partial u}{\partial x}\right)_0 + \left(\frac{\partial v}{\partial y}\right)_0 = a + d = -p = 0 \tag{2-13}$$

另外, $q = ad - bc$ 可表示为

$$q = -\left[\left(\frac{\partial u}{\partial x}\right)_0^2 + \left(\frac{\partial u}{\partial y}\right)_0\left(\frac{\partial v}{\partial x}\right)_0\right] \tag{2-14}$$

根据临界点的理论, 由式 (2-13) 和式 (2-14) 我们可以得到如下结论。

(1) 因 $p=0$, 二维定常绕流的流态, 其临界点要么是中心点, 要么是鞍点, 只有这两种可能, 中心点相应于旋涡的中心。

(2) 如果 $\left(\dfrac{\partial u}{\partial x}\right)_0^2 + \left(\dfrac{\partial u}{\partial y}\right)_0\left(\dfrac{\partial v}{\partial x}\right)_0 < 0$, 临界点为中心点; 如果 $\left(\dfrac{\partial u}{\partial x}\right)_0^2 + \left(\dfrac{\partial u}{\partial y}\right)_0\left(\dfrac{\partial v}{\partial x}\right)_0 > 0$, 临界点为鞍点。

根据这两个结论, 我们有以下推论。

推论 1　如果二维定常流动是无黏性的, 则中心点是最小压力点, 鞍点是最大压力点, 但是对于黏性流动, 这个推论一般不成立。

证明 二维黏性流动的动力学方程是

$$
\begin{cases}
\rho\left(u\dfrac{\partial u}{\partial x}+v\dfrac{\partial u}{\partial y}\right)=-\dfrac{\partial p}{\partial x}+\dfrac{\partial \tau_{xx}}{\partial x}+\dfrac{\partial \tau_{xy}}{\partial y}\\[3mm]
\rho\left(u\dfrac{\partial v}{\partial x}+v\dfrac{\partial v}{\partial y}\right)=-\dfrac{\partial p}{\partial y}+\dfrac{\partial \tau_{yx}}{\partial x}+\dfrac{\partial \tau_{yy}}{\partial y}
\end{cases}
\tag{2-15}
$$

式中，τ_{xx}、τ_{xy} 和 τ_{yy} 是黏性应力。将此两式用于临界点，易知

$$
\left(\frac{\partial p}{\partial x}\right)_0=\left(\frac{\partial \tau_{xx}}{\partial x}+\frac{\partial \tau_{xy}}{\partial y}\right)_0
$$

$$
\left(\frac{\partial p}{\partial y}\right)_0=\left(\frac{\partial \tau_{yx}}{\partial x}+\frac{\partial \tau_{yy}}{\partial y}\right)_0
$$

对于无黏性流动，$\tau_{xx}=\tau_{xy}=\tau_{yx}=\tau_{yy}=0$，因此

$$
\left(\frac{\partial p}{\partial x}\right)_0=\left(\frac{\partial p}{\partial y}\right)_0=0
$$

即临界点是压力的极值点。另外，将式 (2-15) 第一式对 x 微分，第二式对 y 微分，然后利用连续方程，并用在临界点上，可以得到

$$
\begin{cases}
\rho_0\left[\left(\dfrac{\partial u}{\partial x}\right)_0^2+\left(\dfrac{\partial v}{\partial x}\right)_0\left(\dfrac{\partial u}{\partial y}\right)_0\right]=-\left(\dfrac{\partial^2 p}{\partial x^2}\right)_0+\left(\dfrac{\partial^2 \tau_{xx}}{\partial x^2}+\dfrac{\partial^2 \tau_{xy}}{\partial x\partial y}\right)_0\\[4mm]
\rho_0\left[\left(\dfrac{\partial v}{\partial y}\right)_0^2+\left(\dfrac{\partial v}{\partial x}\right)_0\left(\dfrac{\partial u}{\partial y}\right)_0\right]=-\left(\dfrac{\partial^2 p}{\partial y^2}\right)_0+\left(\dfrac{\partial^2 \tau_{yx}}{\partial x\partial y}+\dfrac{\partial^2 \tau_{yy}}{\partial y^2}\right)_0
\end{cases}
\tag{2-16}
$$

对于无黏性流动，式 (2-16) 给出

$$
\begin{cases}
\left(\dfrac{\partial u}{\partial x}\right)_0^2+\left(\dfrac{\partial v}{\partial x}\right)_0\left(\dfrac{\partial u}{\partial y}\right)_0=-\dfrac{1}{\rho_0}\left(\dfrac{\partial^2 p}{\partial x^2}\right)_0\\[4mm]
\left(\dfrac{\partial v}{\partial y}\right)_0^2+\left(\dfrac{\partial v}{\partial x}\right)_0\left(\dfrac{\partial u}{\partial y}\right)_0=-\dfrac{1}{\rho_0}\left(\dfrac{\partial^2 p}{\partial y^2}\right)_0
\end{cases}
\tag{2-17}
$$

利用此二式和上面的结论 (2)，易知对于中心点，应有

$$
\left(\frac{\partial^2 p}{\partial x^2}\right)_0>0,\quad \left(\frac{\partial^2 p}{\partial y^2}\right)_0>0
$$

这表明，中心点是压力的最小点。

同样，对于鞍点，应有

$$\left(\frac{\partial^2 p}{\partial x^2}\right)_0 < 0, \quad \left(\frac{\partial^2 p}{\partial y^2}\right)_0 < 0$$

即鞍点是压力的最大点。

以上讨论是无黏性情况。对于黏性流动，由式 (2-15) 和式 (2-16)，不能推断出中心点和鞍点是压力的极值点或压力的最小点和最大点。

推论 2　如果流场的临界点上，旋涡的强度 $\Omega = \left(\frac{\partial v}{\partial x} - \frac{\partial u}{\partial y}\right)_0 = 0$ 或者 $\left(\frac{\partial u}{\partial y}\right)_0 = 0$，则该临界点必是鞍点。

事实上，由于 $\Omega = \left(\frac{\partial v}{\partial x} - \frac{\partial u}{\partial y}\right)_0$，则有 $\left(\frac{\partial v}{\partial x}\right)_0 = \Omega + \left(\frac{\partial u}{\partial y}\right)_0$，代入 q 的表达式 (2-14) 后，可得

$$q = -\left[\left(\frac{\partial u}{\partial x}\right)_0^2 + \left(\frac{\partial u}{\partial y}\right)_0^2 + \Omega\left(\frac{\partial u}{\partial y}\right)_0\right]$$

该式表明，若 $\Omega = 0$ 或者 $\left(\frac{\partial u}{\partial y}\right)_0 = 0$，则 $q = -\left[\left(\frac{\partial u}{\partial x}\right)_0^2 + \left(\frac{\partial u}{\partial y}\right)_0^2\right] < 0$，即临界点必为鞍点。

推论 3　中心点处旋涡的强度和 $\left(\frac{\partial u}{\partial y}\right)_0$ 一定不为零。

这是显而易见的，因为 $\Omega = 0$ 和 $\left(\frac{\partial u}{\partial y}\right)_0 = 0$ 的临界点，必是鞍点。

以上结论和推论均是假定流动定常。对于非定常流，利用同样的方法可以研究临界点的形态。由于在非定常情况下，对于可压缩流动，临界点处 $(\partial \rho/\partial t)_0 \neq 0$，所以临界点是鞍点、结点或焦点，一般不出现中心点的情况；而对于不可压缩流动，临界点仍是中心点或鞍点。这里我们不再给出获得这一结论的推导过程，只是特别强调，在二维可压缩定常流和二维不可压缩非定常流场内，临界点是鞍点和中心点，特别是旋涡

是中心点形态。但是对于二维可压缩非定常流动，临界点一般表现为鞍点、焦点和结点，特别是旋涡表现为焦点，这和二维定常可压缩流是不同的。

2.2.2 边界鞍点规律

在与物体相固结的坐标系内，物面上流线方程的奇点为鞍点。

事实上，设 xOy 是边界层坐标系 (图 2-2)，其中 x 沿着物面，y 垂直于物面，于是在此坐标系内，流线的方程是

$$\frac{1}{h_1}\frac{\mathrm{d}y}{\mathrm{d}x} = \frac{v}{u} \tag{2-18}$$

式中，h_1 是 x 方向的尺度因子；u、v 是 x、y 方向的速度分量。由于在物面上，无滑移条件给出

$$u = v = 0$$

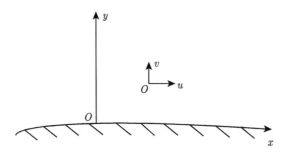

图 2-2 边界层坐标系

则物面附近的速度分量可表达为

$$\begin{cases} u = \left(\dfrac{\partial u}{\partial y}\right)_0 y + \dfrac{1}{2}\left(\dfrac{\partial^2 u}{\partial y^2}\right)_0 y^2 + \left(\dfrac{\partial^2 u}{\partial x \partial y}\right)_0 xy + \cdots \\ v = \dfrac{1}{2}\left(\dfrac{\partial^2 v}{\partial y^2}\right)_0 y^2 + \cdots \end{cases} \tag{2-19}$$

这里用了物面条件和物面上 $\left(\dfrac{\partial u}{\partial x}\right)_0 = \left(\dfrac{\partial v}{\partial x}\right)_0 = 0$ 的条件，并且利用了

由连续方程得到的 $\left(\dfrac{\partial v}{\partial y}\right)_0 = 0$ 和 $\left(\dfrac{\partial^2 v}{\partial x \partial y}\right)_0 = 0$ 的条件。下标 "0" 表示坐标原点。在式 (2-19) 中，"···" 表示三阶及三阶以上的小量项。将式 (2-19) 代入式 (2-18)，流线方程是

$$\frac{1}{h_1}\frac{\mathrm{d}y}{\mathrm{d}x} = \frac{\dfrac{1}{2}\left(\dfrac{\partial^2 v}{\partial y^2}\right)_0 \cdot y + N(x,y)}{\left(\dfrac{\partial u}{\partial y}\right)_0 + \left(\dfrac{\partial^2 u}{\partial x \partial y}\right)_0 x + \dfrac{1}{2}\left(\dfrac{\partial^2 u}{\partial y^2}\right)_0 y + M(x,y)} \tag{2-20}$$

式中，$N(x,y)$、$M(x,y)$ 是 x、y 二阶以上的小量项。

式 (2-20) 表明，如果在物体表面上，$\left(\dfrac{\partial u}{\partial y}\right)_0 \neq 0$，过该点的流线就是物面轮廓线。如果 $\left(\dfrac{\partial u}{\partial y}\right)_0 = 0$，点 "0" 就是流线方程的奇点。大家知道，在二维绕流情况下物面上仅在分离点和再附点，$\left(\dfrac{\partial u}{\partial y}\right)_0 = 0$，因此物面上的分离点和再附点是流线方程的奇点。现将坐标原点置于分离点或再附点，于是物面附近的流线方程是

$$\frac{1}{h_1}\frac{\mathrm{d}y}{\mathrm{d}x} = \frac{\dfrac{1}{2}\left(\dfrac{\partial^2 v}{\partial y^2}\right)_0 \cdot y + N(x,y)}{\left(\dfrac{\partial^2 u}{h_1 \partial x \partial y}\right)_0 h_1 x + \dfrac{1}{2}\left(\dfrac{\partial^2 u}{\partial y^2}\right)_0 y + M(x,y)} \tag{2-21}$$

根据 2.1 节的临界点理论，由式 (2-21) 可以得到

$$p = -\left(\frac{1}{h_1}\frac{\partial^2 u}{\partial x \partial y} + \frac{1}{2}\frac{\partial^2 v}{\partial y^2}\right)_0$$

$$q = \frac{1}{2}\left(\frac{\partial^2 v}{\partial y^2}\right)_0 \cdot \left(\frac{1}{h_1}\frac{\partial^2 u}{\partial x \partial y}\right)_0$$

利用连续方程和物面条件可以证明

$$\left(\frac{\partial^2 v}{\partial y^2}\right)_0 + \left(\frac{1}{h_1}\frac{\partial^2 u}{\partial x \partial y}\right)_0 = 0$$

这就得到

$$q = \frac{1}{2}\left(\frac{\partial^2 v}{\partial y^2}\right)_0^2 = -\frac{1}{2}\left(\frac{\partial^2 u}{\partial x \partial y}\right)_0^2 < 0$$

因此物面上的奇点为鞍点。

顺便指出，物面上的奇点图像，一半在流场内，一半被物体所掩盖，这与流体内的奇点图像不同，为了加以区别，我们称物面上的奇点为半奇点。例如，我们称物面上的鞍点为半鞍点。

参 考 文 献

[1] 秦元勋. 微分方程所定义的积分曲线. 北京: 科学出版社, 1959.

[2] 李骊. 微分因子在定性理论中的性质及其应用. 应用数学与力学, 1982, 3(3): 381-392.

[3] 舒仲周. 运动稳定性. 成都: 西南交通大学出版社, 1989.

[4] 张锦炎. 常微分方程几何理论与分支问题. 北京: 北京大学出版社, 1981.

[5] Kaplan D, Glass L. Understanding Nonlinear Dynamics. Berlin: Spring Verlag, 1997.

[6] 张涵信. 分离流与旋涡运动的结构分析. 北京: 国防工业出版社, 2005.

第 3 章　定态解的分叉及物面流态的分叉

3.1　分叉的概念

研究如下非线性动力学方程 [1-6]：

$$\begin{cases} \dot{x} = f(x, y, \mu) \\ \dot{y} = g(x, y, \mu) \end{cases} \tag{3-1}$$

式中，μ 是参数。如果参数 μ 在某一值 μ_c 附近微小变化，将引起系统 (3-1) 轨线的拓扑结构发生突然变化，这种现象称为分叉 (或分岔，bifurcation)。在这种情况下的 μ_c 称为分叉参数或分叉的临界参数，所对应的状态称为分叉点。

在第 2 章内我们已经证明，动力系统 (3-1) 的定态解，在 $p > 0$ 和 $q > 0$ 的情况下是稳定的，而

$$p = 0, \quad q \geqslant 0$$

和

$$q = 0, \quad p \geqslant 0$$

是稳定和不稳定区域搭接的边界 (图 2-1)，因此定态解 (x_0, y_0) 的 p、q 位于这个不稳定的边界线上时，即

$$p\left(x_0\left(\mu\right), y_0\left(\mu\right)\right) = 0, \quad q\left(x_0\left(\mu\right), y_0\left(\mu\right)\right) \geqslant 0 \tag{3-2}$$

$$q\left(x_0\left(\mu\right), y_0\left(\mu\right)\right) = 0, \quad p\left(x_0\left(\mu\right), y_0\left(\mu\right)\right) \geqslant 0 \tag{3-3}$$

解要出现分叉，其式 (3-2) 和式 (3-3) 所给出的 μ_c 是出现分叉的临界参数。大家知道，当定态解处于稳定区时，定态解附近的拓扑结构具有双

曲型的性质，一旦出现式 (3-2) 和式 (3-3) 的情况，由于有 $\mathrm{Re}\lambda = 0$ 出现，双曲型拓扑结构的性质就要改变，所以分叉一定伴随解的拓扑结构的突然变化。

在以后的讨论中，为了与分叉点 ($\mu = \mu_c$) 相区别，对于 $\mu \neq \mu_c$ 的解，我们称为常点。显然，对于动力系统 (3-1) 的常点，其 μ 作微小变化，其常点附近的解的拓扑结构不发生本质变化，我们称这种情况具有结构稳定性。反之，在分叉点附近，参数 μ 的微小变化，会引起拓扑结构的本质变化。因此分叉现象与结构不稳定性是密切相关的。

在研究分叉现象时，常区别两种情况：动态分叉和静态分叉。所谓动态分叉是指参数在临界参数附近作微小变化，可引起解的拓扑结构发生突然的变化；而静态分叉是指定态解的数目随参数的微小变化而出现突然的改变。这往往也要引起解的拓扑结构的突然变化，所以静态分叉可看作动态分叉的一部分。动态分叉的概念，还包含其他分叉的问题，如同宿或异宿轨道分叉。所谓同宿轨道是指这样的一条轨道，当沿它行走时，$t \to +\infty$ 和 $t \to -\infty$ 都趋于同一奇点；而异宿轨道，是 $t \to +\infty$ 和 $t \to -\infty$ 时，趋于不同的奇点。

根据第 2 章关于定态解特征值的研究，当参数 μ 改变时，从特征值的变化情况来看，相应于式 (3-1)、式 (3-2) 和式 (3-3) 定态解的分叉存在三种情况。

第一种：如图 3-1 所示，特征值沿负实轴穿过虚轴，这种分叉，叫做叉型分叉。

第二种：如图 3-2 所示，特征值沿平行于实轴的两方穿过虚轴，这种分叉，叫做 Hopf 分叉。

第三种：如图 3-3 所示，特征值从正、负实轴两方进到虚轴，这种分叉，叫做鞍、结点分叉。

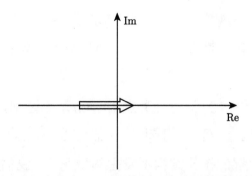

图 3-1　特征值沿负实轴穿过虚轴的叉型分叉

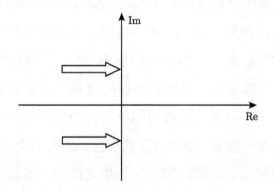

图 3-2　特征值沿平行于实轴的两方穿过虚轴的 Hopf 分叉

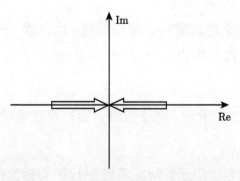

图 3-3　特征值从正、负实轴两方进到虚轴的鞍、结点分叉

　　为了说明定态解的分叉，下面举四个例子。例 1，例 2 是叉型分叉，例 3 是 Hopf 分叉，例 4 是鞍、结点分叉。

例 1 跨临界叉型分叉。

动力系统为

$$\begin{cases} \dot{x} = y \\ \dot{y} = \mu x - x^2 - y \end{cases} \tag{3-4}$$

由式 (3-4) 可以看出，定态解有两个：

$$X_0 = (0,0)$$
$$X_1 = (\mu, 0)$$

图 3-4 表示了这两个解随参数 μ 的变化。下面先分析 $X_0 = (0,0)$ 附近解的形态。由式 (3-4) 易知，在这种情况下：

$$a = 0, \quad b = 1, \quad c = \mu, \quad d = -1$$

因此

$$p = -(a+d) = 1$$
$$q = ad - bc = -\mu$$
$$\lambda_1 = \frac{-1 + \sqrt{1 + 4\mu}}{2}$$
$$\lambda_2 = \frac{-1 - \sqrt{1 + 4\mu}}{2}$$

根据第 2 章给出的临界点理论，以上诸式表明，当 $\mu < 0$ 时，定态解 $X_0 = (0,0)$ 是稳定的，如果 $\mu > 0$，该定态解不稳定 (图 3-4)。另外还可以看出，当 μ 有负值趋于零时，λ_2 为负，$\lambda_1 \to 0^-$，即特征值沿负实轴穿过虚轴，如图 3-1 所示。

现在研究定态解 $X_1 = (\mu, 0)$ 附近的形态。设

$$\begin{cases} x = \mu + \zeta \\ y = \eta \end{cases}$$

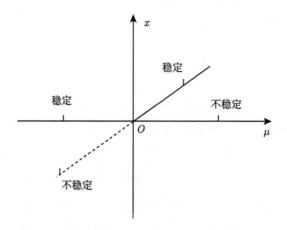

图 3-4　系统 (3-4) 的定态解随参数 μ 的变化

将此式代入式 (3-4), 整理后可得

$$\begin{cases} \dot{\zeta} = \eta \\ \dot{\eta} = -\mu\zeta - \eta - \zeta^2 \end{cases}$$

由此可得

$$a = 0, \quad b = 1, \quad c = -\mu, \quad d = -1$$
$$p = -(a+d) = 1$$
$$q = \mu$$

这些表达式说明, 当 $\mu < 0$ 时, 定态解 $X_1 = (\mu, 0)$ 是不稳定的; 而当 $\mu > 0$ 时, 它是稳定的 (图 3-4)。

　　根据以上研究, 我们可以得到如下结论, 当 $\mu < 0$ 时, 系统 (3-1) 仅有一个稳定定态解 $X_0 = (0,0)$; 当 $\mu \to 0^-$ 时 (即从 $\mu < 0$ 的一边趋于零, 下同), 出现图 3-1 所示的分叉; 当 $\mu > 0$ 时, 稳定的定态解变为 $X_1 = (\mu, 0)$, 此时定态解 $X_0 = (0,0)$ 是不稳定的。

　　这种叉型分叉, 我们称作跨临界叉型分叉。

例 2　音叉型分叉。

动力系统为

$$\begin{cases} \dot{x} = y \\ \dot{y} = \mu x - x^3 - y \end{cases} \tag{3-5}$$

显然定态解满足以下方程:

$$\begin{cases} y = 0 \\ \mu x - x^3 = 0 \end{cases}$$

可以看出, 当 $\mu > 0$ 时, 定态解仅有一个:

$$X_0 = (0, 0)$$

当 $\mu < 0$ 时, 定态解有以下三个:

$$X_0 = (0, 0)$$
$$X_1 = \left(-\sqrt{\mu}, 0\right)$$
$$X_2 = \left(\sqrt{\mu}, 0\right)$$

图 3-5 给出了这三组解。

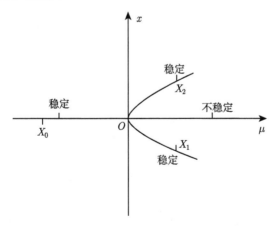

图 3-5 系统 (3-5) 的定态解随 μ 的变化

首先分析定态解 $X_0 = (0, 0)$ 附近的形态。由式 (3-5) 易知:

$$a = 0, \quad b = 1, \quad c = \mu, \quad d = -1$$

因此

$$p = -(a+d) = 1$$

$$q = ad - bc = -\mu$$

$$\lambda_1 = \frac{-1 + \sqrt{1+4\mu}}{2}$$

$$\lambda_2 = \frac{-1 - \sqrt{1+4\mu}}{2}$$

可以看出，当 $\mu < 0$ 时，定态解 $X_0 = (0,0)$ 是稳定的；当 $\mu > 0$ 时，定态解 $X_0 = (0,0)$ 不稳定 (图 3-5)；且当 $\mu \to 0^-$ 时，λ_2 为负，$\lambda_1 \to 0^-$，即 λ_1 沿负实轴穿过虚轴，如图 3-1 所示。

其次，研究定态解 $X_1 = \left(-\sqrt{\mu}, 0\right)$ 附近的形态。令

$$\begin{cases} x = -\sqrt{\mu} + \zeta \\ y = \eta \end{cases}$$

将此式代入式 (3-5)，整理后可得

$$\begin{cases} \dot{\zeta} = \eta \\ \dot{\eta} = -2\mu\zeta - \eta + 3\sqrt{\mu}\zeta^2 - \zeta^3 \end{cases}$$

由此可得

$$a = 0, \quad b = 1, \quad c = -2\mu, \quad d = -1$$

$$p = -(a+d) = 1$$

$$q = 2\mu$$

因此 $\mu > 0$ 时，定态解 $X_1 = \left(-\sqrt{\mu}, 0\right)$ 是稳定的。利用同样的方法去分析 $X_2 = \left(\sqrt{\mu}, 0\right)$ 附近的形态，令

$$\begin{cases} x = \sqrt{\mu} + \zeta \\ y = \eta \end{cases}$$

将此式代入式 (3-5)，整理后可得

$$\begin{cases} \dot{\zeta} = \eta \\ \dot{\eta} = -2\mu\zeta - \eta - 3\sqrt{\mu}\zeta^2 - \zeta^3 \end{cases}$$

从而也可以证明定态解 $X_2 = \left(\sqrt{\mu}, 0\right)$ 是稳定的。

根据以上研究，当 $\mu < 0$ 时，系统 (3-5) 有稳定的定态解 $X_0 = (0,0)$；当 $\mu = 0$ 时，出现图 3-1 所示的叉型分叉；当 $\mu > 0$ 时，稳定的定态解变为 $X_1 = \left(-\sqrt{\mu}, 0\right)$ 或者 $X_2 = \left(\sqrt{\mu}, 0\right)$。

例 3　Hopf 分叉。

动力系统为

$$\begin{cases} \dot{x} = \mu x - y - x(x^2 + y^2) \\ \dot{y} = x + \mu y - y(x^2 + y^2) \end{cases} \tag{3-6}$$

为了分析此系统，我们引入极坐标系统

$$\begin{cases} r = \sqrt{x^2 + y^2} \\ \theta = \arctan \dfrac{y}{x} \end{cases}$$

可以证明，在此极坐标系下，式 (3-6) 可写成

$$\begin{cases} \dot{r} = r\left(\mu - r^2\right) \\ \dot{\theta} = 1 \end{cases} \tag{3-7}$$

式 (3-6) 和式 (3-7) 表明，无论 μ 取何值，系统有定态解 $r = 0$，在直角坐标系内，它是

$$X_0 = (0,0)$$

当 $\mu > 0$ 时，系统 (3-7) 还有一个非定态解，它是

$$X_1 = (x_0, y_0)$$

其中 x_0、y_0 满足：

$$x_0^2 + y_0^2 = \mu$$

下面分别来研究定态解 $X_0 = (0,0)$ 和 $X_1 = (x_0, y_0)$ 处解的形态。

(1) $X_0 = (0,0)$ 附近的解的形态。

由式 (3-6) 易知，在这种情况下

$$a = \mu, \quad b = -1, \quad c = 1, \quad d = \mu$$
$$p = -(a+d) = -2\mu$$
$$q = ad - bc = 1 + \mu^2$$
$$p^2 - 4q = -4$$
$$\lambda_1 = \mu + i$$
$$\lambda_2 = \mu - i$$

根据第 2 章的分析，可以看到：当 $\mu < 0$ 时，系统 (3-6) 的定态解 $X_0 = (0,0)$ 是稳定的，并且由于 $p^2 - 4q < 0$，定态解 $X_0 = (0,0)$ 附近呈稳定的螺旋点形态；但是如果 $\mu > 0$，则因 $p < 0$，定态解 $X_0 = (0,0)$ 是不稳定的螺旋点形态；且当 μ 从负值一边趋于零时，$\lambda_1 \to 0^- + i$，$\lambda_2 \to 0^- - i$，即沿图 3-2 所示情形穿过虚轴。

(2) $X_1 = (x_0, y_0)$ 附近的解的形态。

如上所述，这种情况只能出现在 $\mu > 0$ 的情形，且 x_0，y_0 满足如下关系

$$r_0^2 = x_0^2 + y_0^2 = \mu$$

现在来研究圆 $(x_0^2 + y_0^2 = \mu)$ 附近轨迹的形态。设

$$r = \sqrt{\mu} + \zeta$$

将此式代入式 (3-7)，经整理后，可以得到

$$\dot{\zeta} = -2\mu\zeta + \cdots$$

这里 "$\cdots$" 表示二阶以上的小量项。由此可得

$$\zeta = \zeta_0 e^{-2\mu t}$$

式中, ζ_0 是积分常数。不难看出, 在圆的附近所有轨线都是向圆 $x_0^2 + y_0^2 = \mu$ 趋近的, 即 $t \to \infty$, $\zeta \to 0$。

根据以上研究, 系统 (3-6) 的定态解的形态是: 当 $\mu < 0$ 时, 仅有定态解 $X_0 = (0,0)$, 其附近的轨线, 是稳定的螺旋点形态; 当 $\mu > 0$ 时, $X_0 = (0,0)$ 附近变成不稳定的螺旋点形态, 随之出现的特殊 $X_1 = (x_0, y_0)$, 它在 xOy 平面上构成一圆, 在圆周围的轨线, 皆向圆趋近, 这样在 $(0,0)$ 附近向外转的不稳定的轨线都是向圆趋近, 而圆外的轨线都从外向圆趋近; 当 $\mu = 0$ 时, 系统 (3-6) 按图 3-2 的方式出现 Hopf 分叉。以上是定性分析得到的图像。对式 (3-6) 在不同 μ 值可作详细计算, 以证实这种定性分析的结论是正确的, 图 3-6 是计算给出的结果。

例 4　鞍结点分叉。

动力系统为

$$\begin{cases} \dot{x} = y \\ \dot{y} = \mu - x^2 - y \end{cases} \tag{3-8}$$

这个系统的定态解由以下方程给出

$$\begin{cases} y = 0 \\ \mu - x^2 - y = 0 \end{cases}$$

由此可得: 当 $\mu < 0$ 时, 无定态解; 当 $\mu > 0$ 时, 有两定态解:

$$X_0 = (\sqrt{\mu}, 0)$$
$$X_1 = (-\sqrt{\mu}, 0)$$

图 3-7 给出了这两个定态解随参数 μ 的变化。

(1) 定态解 $X_0 = (\sqrt{\mu}, 0)$ 附近的形态。设

$$\begin{cases} x = \sqrt{\mu} + \zeta \\ y = \eta \end{cases}$$

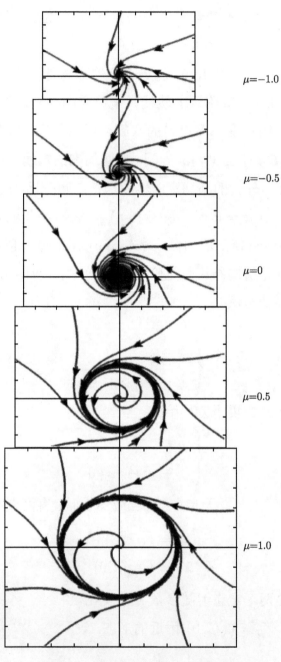

$\mu=-1.0$

$\mu=-0.5$

$\mu=0$

$\mu=0.5$

$\mu=1.0$

图 3-6   系统 (3-6) 的 Hopf 分叉

代入式 (3-8) 可以得到

$$\begin{cases} \dot{\zeta} = \eta \\ \dot{\eta} = -2\sqrt{\mu}\zeta - \eta - \zeta^2 \end{cases}$$

由此可得

$$a = 0, \quad b = 1, \quad c = -2\sqrt{\mu}, \quad d = -1$$

$$p = -(a+d) = 1$$

$$q = ad - bc = 2\sqrt{\mu} > 0$$

$$\lambda_1 = \frac{-1 + \sqrt{1 - 8\sqrt{\mu}}}{2}$$

$$\lambda_2 = \frac{-1 - \sqrt{1 - 8\sqrt{\mu}}}{2}$$

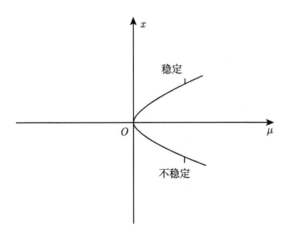

图 3-7　系统 (3-8) 的定态解随参数 μ 的变化

以上结果表明，当 $\mu > 0$ 时，定态解 $X_0 = (0,0)$ 是稳定的，并且因 $p^2 - 4q = 1 - 8\sqrt{\mu}$，如果 $0 < \mu < \frac{1}{64}$，则 $p^2 - 4q > 0$，$X_0 = \left(\sqrt{\mu}, 0\right)$ 为稳定的结点；如果 $\mu > \frac{1}{64}$，则 $p^2 - 4q < 0$，$X_0 = \left(\sqrt{\mu}, 0\right)$ 为稳定的焦点。且当 $\mu \to 0$ 时，λ_2 小于零，$\lambda_1 \to 0^-$。

(2) 定态解 $X_1 = \left(-\sqrt{\mu}, 0\right)$ 附近的形态。引入

$$\begin{cases} x = -\sqrt{\mu} + \zeta \\ y = \eta \end{cases}$$

代入式 (3-8) 可以得到

$$\begin{cases} \dot{\zeta} = \eta \\ \dot{\eta} = 2\sqrt{\mu}\zeta - \eta - \zeta^2 \end{cases}$$

由此可得

$$a = 0, \quad b = 1, \quad c = 2\sqrt{\mu}, \quad d = -1$$

$$p = -(a + d) = 1$$

$$q = ad - bc = -2\sqrt{\mu} < 0$$

$$\lambda_1 = \frac{-1 + \sqrt{1 + 8\sqrt{\mu}}}{2}$$

$$\lambda_2 = \frac{-1 - \sqrt{1 + 8\sqrt{\mu}}}{2}$$

这表明，$X_1 = \left(-\sqrt{\mu}, 0\right)$ 为鞍点形态，且 $\mu \to 0$ 时，λ_2 小于零，$\lambda_1 \to 0^-$。

根据以上研究，系统 (3-8) 在定态解附近的形态可用图 3-8 描述。当 $\mu > 0$ 时，$\left(-\sqrt{\mu}, 0\right)$ 为鞍点，$\left(\sqrt{\mu}, 0\right)$ 为稳定的结点或焦点，见图 3-8(a)；当 $\mu \to 0$ 时，系统 (3-8) 相应的特征值按图 3-3 的方式趋近虚轴，其轨线形态如图 3-8(b) 所示，这种分叉叫做鞍、结点分叉。

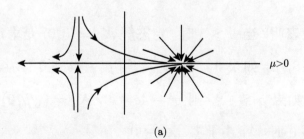

(a)

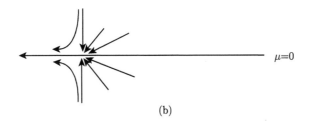

(b)

图 3-8　系统 (3-8) 的鞍、结点分叉形态

3.2　物面流态的分叉

3.2.1　表面极限流线的概念

如图 3-9 所示坐标系, 设 u、v、w 是 x、y、z 方向的速度分量; h_1、h_2、h_3 是 x、y、z 方向的尺度因子, 流线方程可写成

$$
\begin{cases}
\dfrac{h_2}{h_1}\dfrac{\mathrm{d}y}{\mathrm{d}x} = \dfrac{v}{u} \\[2mm]
\dfrac{h_3}{h_1}\dfrac{\mathrm{d}z}{\mathrm{d}x} = \dfrac{w}{u}
\end{cases}
\tag{3-9}
$$

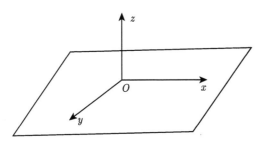

图 3-9　与物面固结的正交坐标系

对于黏性流动, 物面边界条件给出: $u = v = w = 0$, 于是式 (3-9) 表明, 在物体表面上, 两式的右方均表现为 "$\dfrac{0}{0}$" 的形式。现在根据洛必达法则来研究式 (3-9) 的极限形式, 它们是

$$\begin{cases} \dfrac{h_2}{h_1}\dfrac{\mathrm{d}y}{\mathrm{d}x} = \dfrac{\dfrac{\partial v}{\partial z}}{\dfrac{\partial u}{\partial z}} \\[4mm] \dfrac{h_3}{h_1}\dfrac{\mathrm{d}z}{\mathrm{d}x} = \dfrac{\dfrac{\partial w}{\partial z}}{\dfrac{\partial u}{\partial z}} \end{cases} \tag{3-10}$$

式中, $\dfrac{\partial u}{\partial z}, \dfrac{\partial v}{\partial z}, \dfrac{\partial w}{\partial z}$ 是在物面 $z = 0$ 上的取值, 所以它们均是 x、y 的函数。根据连续性方程, 我们可以证明, 在物面上, $\dfrac{\partial w}{\partial z} = 0$, 而一般情况下, $\dfrac{\partial u}{\partial z} \neq 0$, 因此式 (3-10) 第二式给出, $\left(\dfrac{h_3}{h_1}\dfrac{\partial z}{\partial z}\right)_{z=0} \to 0$。这种情况表明, 研究流线在物面上的极限形式, 最后归结为研究式 (3-10) 的第一式。所谓物面上的极限流线, 就是指式 (3-10) 的第一式所描述的流线在物面处的极限形式。将式 (3-10) 的第一式右方的分子、分母分别乘以黏性系数 μ, 可以得到

$$\frac{h_2}{h_1}\frac{\mathrm{d}y}{\mathrm{d}x} = \frac{\tau_{zy}}{\tau_{zx}} \tag{3-11}$$

式中, $\tau_{zy} = \mu\dfrac{\partial v}{\partial z}$, $\tau_{zx} = \mu\dfrac{\partial u}{\partial z}$ 分别表示物面上摩擦应力在 y 方向和 x 方向的分量。所以极限流线, 有时也叫做摩擦力线, 因为式 (3-11) 表明, 极限流线的切线方向就是物面摩擦应力的方向。

在物体表面上, 流动的形状一般用极限流线描述。可以证明, 实验中油流技术给出的流态恰好近似为极限流线所描述的形态。图 3-10 是椭球有攻角绕流的表面流态, 它们是根据油流实验图画出的。可以看到当攻角 $\alpha = 10°$ 时, 背风对称子午线附近为闭式分离, 在对称子午线上, 前面是一个鞍点, 后面是一个结点, 如果背风对称子午线取作 x 轴, y 轴在物面上, 并与对称子午线垂直, 我们可以看到 $\dfrac{\partial u}{\partial z}$ 沿 x 轴的分布如图 3-11(a) 所示; 当攻角 $\alpha = 30°$ 时, 背风对称子午线附近变为开式分离,

此时在背风对称子午线上没有奇点，$\dfrac{\partial u}{\partial z}$ 沿 x 轴的分布如图 3-11(b) 所示；当攻角 $\alpha = 50°$ 时，背风对称子午线附近，又变为闭式分离，鞍点和结点又重新出现在背风对称子午线上，其 $\dfrac{\partial u}{\partial z}$ 沿 x 轴的分布如图 3-11(c) 所示，即其分布形态又恢复到 $\alpha = 10°$ 的形状；在所有攻角下，沿 x 轴 $\dfrac{\partial v}{\partial z} = 0$，但 $\left(\dfrac{\partial^2 v}{\partial y \partial z}\right) > 0$，如图 3-11(d) 所示。

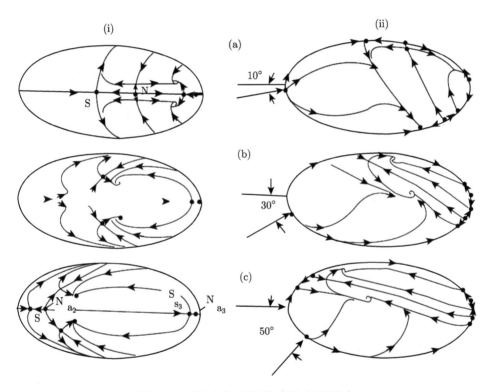

图 3-10　椭球有攻角绕流的表面流态

(i) 顶视图；(ii) 侧视图

从图 3-10 我们已经看到，随攻角变化，分离形态由闭式分离变为开式分离又变为闭式分离，即它们的拓扑结构是不同的，也就是说随攻角变化，出现分叉现象。下面从分叉的观点来分析上述流态的演变。

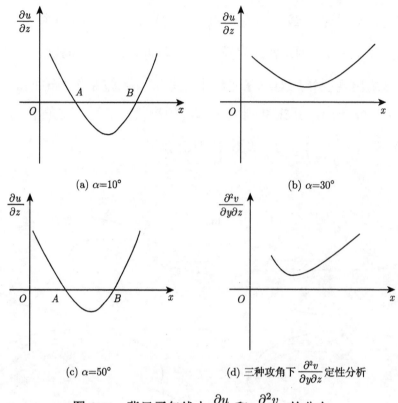

(a) $\alpha=10°$ (b) $\alpha=30°$

(c) $\alpha=50°$ (d) 三种攻角下 $\dfrac{\partial^2 v}{\partial y \partial z}$ 定性分析

图 3-11   背风子午线上 $\dfrac{\partial u}{\partial z}$ 和 $\dfrac{\partial^2 v}{\partial y \partial z}$ 的分布

3.2.2   背风子午线附近流态分叉的研究

当把 x 轴取为背风子午线时, 图 3-12 对于其物面上任一点 $A(x_A,$ $y_A = 0)$ 的附近, $x = x_A + \zeta$, $y = y_A + \eta = \eta$, 表面极限流线方程可写为

$$\frac{h_2 \mathrm{d}y}{\mathrm{d}x} = \frac{h_2 \mathrm{d}\eta}{\mathrm{d}\zeta} = \frac{\dfrac{\partial v}{\partial z}}{\dfrac{\partial u}{\partial z}} \tag{3-12}$$

式中

$$\begin{cases} \dfrac{\partial u}{\partial z} = \left(\dfrac{\partial u}{\partial z}\right)_A + \left(\dfrac{\partial^2 u}{\partial x \partial z}\right)_A \zeta + \left(\dfrac{\partial^2 u}{\partial y \partial z}\right)_A \eta + \cdots \\[4mm] \dfrac{\partial v}{\partial z} = \left(\dfrac{\partial v}{\partial z}\right)_A + \left(\dfrac{\partial^2 v}{\partial x \partial z}\right)_A \zeta + \left(\dfrac{\partial^2 v}{\partial y \partial z}\right)_A \eta + \cdots \end{cases}$$

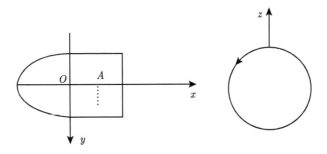

图 3-12 贴体背风子午线线图

我们假设流动是关于俯仰平面对称的，在这种情况下，

$$\left(\frac{\partial v}{\partial z}\right)_A = 0$$

$$\left(\frac{\partial^2 u}{\partial y \partial z}\right)_A = 0$$

上式可写成

$$\begin{cases} \dfrac{\partial u}{\partial z} = f(x_A) + \eta \cdot g(x,y)_A \\[2mm] \dfrac{\partial v}{\partial z} = \eta \cdot h(x,y)_A \end{cases} \tag{3-13}$$

式中

$$\begin{cases} f(x_A) = \left(\dfrac{\partial u}{\partial z}\right)_A \\[2mm] g(x,y)_A = \left(\dfrac{\partial^2 u}{\partial x \partial z}\right)_A + \cdots \\[2mm] h(x,y)_A = \left(\dfrac{\partial^2 v}{\partial y \partial z}\right)_A + \cdots \end{cases} \tag{3-14}$$

将式 (3-13) 代入式 (3-12) 得

$$\frac{h_2 \mathrm{d}\eta}{\mathrm{d}\zeta} = \frac{\eta h(x,y)_A + \cdots}{f(x_A) + \eta g(x,y)_A + \cdots} \tag{3-15}$$

由式 (3-15)，我们可得到如下结论。

(1) 若沿 x 轴，$f(x) > 0$(图 3-11(b))，沿对称子午线 $(y=0)$，又有图

3-11(d)。因此，不存在极限流线方程的奇点。在背风子午线附近：

$$\frac{\mathrm{d}\eta}{\mathrm{d}\zeta} = \frac{1}{(h_2)_A} \frac{\left(\dfrac{\partial^2 v}{\partial y \partial z}\right)_A}{f(x_A)} \cdot \eta$$

式中，$(h_2)_0 = h_2(x, 0)$，积分此式可得

$$\eta = \varepsilon_0 \exp \int_0^\zeta \frac{1}{(h_2)_A} \left(\frac{\partial^2 v}{\partial y \partial z}\right)_A \cdot \frac{1}{f(x_A)} \mathrm{d}\zeta \qquad (3\text{-}16)$$

式中，ε_0 是 $x = x_A$ 时的 η 值。式 (3-16) 表明，当 $\left(\dfrac{\partial^2 v}{\partial y \partial z}\right)_A > 0$ 时，式 (3-16) 的指数中的被积函数大于零，随 x 增加，y 是增加的，即沿 x 轴，极限流线是向外发散的；但是当 $\left(\dfrac{\partial^2 v}{\partial y \partial z}\right)_A < 0$ 时，沿 x 轴，极限流线是向 x 轴收拢的。

(2) 若沿 x 轴，$f(x)$ 的分布如图 3-11(a) 或 (c) 所示。

在这种情况下，$f(x)$ 在 x 轴上有两个零点 x_A 和 x_B，即 A 点和 B 点是系统的奇点。下面来研究奇点的性质。先讨论 A 点，此时，式 (3-15) 给出

$$\frac{\mathrm{d}\eta}{\mathrm{d}\zeta} = \frac{\left(\dfrac{\partial^2 v}{\partial y \partial z}\right)_A \eta + \cdots}{(h_2)_A \left(\dfrac{\partial^2 u}{\partial x \partial z}\right)_A \zeta + \cdots}$$

根据第 2 章给出的判定奇点性质的理论，易知

$$q = \frac{1}{(h_2)_A} \left(\frac{\partial^2 u}{\partial x \partial z}\right)_A \left(\frac{\partial^2 v}{\partial y \partial z}\right)_A$$

由图 3-11(a) 和 (c) 容易看出，$\left(\dfrac{\partial^2 u}{\partial x \partial z}\right)_A < 0$；而如图 3-11(d) 所示，在所讨论的情况下，$\left(\dfrac{\partial^2 v}{\partial y \partial z}\right)_A > 0$，这就得到，在 A 点 $q < 0$，即 A 点是鞍型奇点。

利用同样的方法可讨论 B 点的性质，可以证明，对于 B 点

$$q = \frac{1}{(h_2)_B}\left(\frac{\partial^2 u}{\partial x \partial z}\right)_B \left(\frac{\partial^2 v}{\partial y \partial z}\right)_B > 0$$

即 B 点是结点。

大家知道，随攻角变化，$\partial u/\partial z$ 是连续变化的，也就是说，由图 3-11(b) 到图 3-11(c)，中间必须经过如图 3-13(b) 所示的临界状态，在这种情况下，曲线 $\partial u/\partial z$ 正好与 x 轴相切。因为这种临界情况，可视为 A, B 两点趋于一点的情况，因此该点上一定是鞍、结点。

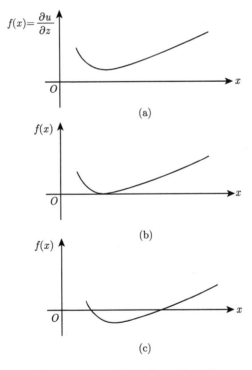

图 3-13　$f(x)$ 随攻角 α 的变化

根据以上研究我们可得到如下结论，对于如图 3-10 所示的椭球绕流，当攻角由 10° 增加到 30° 时，中间一定经过一个临界攻角，在此攻角下，出现鞍、结点分叉，攻角小于该临界攻角时，背风对称子午线附近，出现闭式分离，在 x 轴上，前面为鞍点，后面为结点；当攻角大于临界

攻角时，流动变为开式分离，此时对称子午线上没有奇点。

　　同样，当攻角由 30° 增加到 50° 时，中间也有一个临界攻角，在此攻角下出现鞍、结点分叉；攻角小于该临界攻角时为开式分离，大于此临界攻角时为闭式分离，后者在 x 轴上出现鞍点和结点。

参 考 文 献

[1]　丑纪范, 刘式达, 刘式适. 非线性动力学. 北京: 气象出版社, 1994.

[2]　赵凯华, 朱照宣, 黄均. 非线性物理导论. 北京: 北京大学出版社, 1992.

[3]　席德勋. 非线性物理学. 南京: 南京大学出版社, 1999.

[4]　林振山. 非线性力学与大气科学. 南京: 南京大学出版社, 1993.

[5]　Ioos G, Joseph D D. Elementary Stability and Bifurcation Theory. 2nd ed. Berlin: Springer Verlag, 1989.

[6]　Wang K C, Zhou H C, Hu C H, et al. Three dimensional separated flow structure over prolate spheroids. Proc. R. Soc. Lond. A, 1990, 429(1876): 73-90.

第 4 章　Hopf 分叉及飞行器单自由度振动的极限环

4.1　极限环的概念

一个非线性二维动力学系统

$$\begin{cases} \dot{x} = f(x,y) \\ \dot{y} = g(x,y) \end{cases} \tag{4-1}$$

在 xOy 平面上，它的轨线具有以下几种情况 [1-5]：

(1) 从奇点始到奇点终；

(2) 从奇点始到无穷远终；

(3) 从无穷远始到奇点终；

(4) 从无穷远始到无穷远终；

(5) 为周期性闭轨道，且其闭轨两侧临近轨线，其一侧要么都趋于该闭轨，要么都从该闭轨离去，如图 4-1 所示。

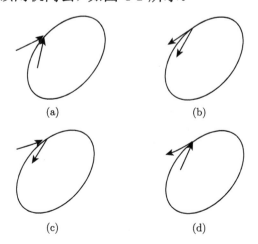

图 4-1　非线性系统中几种可能的闭轨

对于第 (5) 种周期性闭轨，我们称之为极限环。根据如图 4-1 所示情况，极限环可分成三类。

第一类：稳定的极限环。这类极限环两侧邻近的轨线随时间增加都趋向极限环，如图 4-1(a) 所示。

第二类：不稳定的极限环。这类极限环两侧的轨线，随时间增加都离开极限环，如图 4-1(b) 所示。

第三类：为半稳定的极限环。这类极限环的一侧邻近的轨线随时间增加趋向极限环，另一侧邻近的轨线随时间增加而离开极限环，如图 4-1(c)、(d) 所示。

4.2　与极限环有关的几个定理

下面我们给出几个与极限环相关的定理，只引用定理的内容，不引入定理的证明，如要了解证明过程，可参考有关文献 [1–5]。

定理 1　如果非线性动力系统 (4-1)，其

$$-p(x,y) = \frac{\partial f}{\partial x} + \frac{\partial g}{\partial y} \tag{4-2}$$

在 xOy 平面上的某单连域内总不变号，则在此区域内，不可能存在极限环。

定理 2　对于非线性动力系统 (4-1)，如果存在一个函数 $B(x,y)$，其

$$\frac{\partial B(x,y)f}{\partial x} + \frac{\partial B(x,y)g}{\partial y}$$

在 xOy 平面上的某单连域内总不变号，则在此区域内，不存在极限环。

定理 3　设 G 是由两条简单闭曲线 Γ_1 和 Γ_2 围成的环域，如果在环域内，非线性动力系统 (4-1) 没有奇点，且从 G 的边界上的点出发的轨线，都进入 (或离开)G，则在环域 G 内，至少存在动力系统 (4-1) 的一个稳定 (不稳定) 的极限环。

定理 4 任何极限环包围的单连域内，至少包含动力系统 (4-1) 的一个奇点。

定理 5 如果非线性动力系统仅有一个奇点，则存在极限环时，该奇点一定不是鞍点。

定理 6 如果动力系统 (4-1) 有一极限环 ℓ，其上 x、y 随时间变化的规律是

$$
\begin{aligned}
x &= \varphi(t) \\
y &= \psi(t)
\end{aligned}
\tag{4-3}
$$

周期为 T，则该极限环稳定的必要充分条件为

$$
\int_0^T \left(\frac{\partial f}{\partial x} + \frac{\partial g}{\partial y} \right)_{\substack{x=\varphi(t) \\ y=\psi(t)}} \mathrm{d}t < 0
\tag{4-4}
$$

定理 7 定理 6 中极限环 ℓ 不稳定的必要充分条件是

$$
\int_0^T \left(\frac{\partial f}{\partial x} + \frac{\partial g}{\partial y} \right)_{\substack{x=\varphi(t) \\ y=\psi(t)}} \mathrm{d}t > 0
\tag{4-5}
$$

定理 8 在极限环 ℓ 上，如果

$$
\int_0^T \left(\frac{\partial f}{\partial x} + \frac{\partial g}{\partial y} \right)_{\substack{x=\varphi(t) \\ y=\psi(t)}} \mathrm{d}t = 0
\tag{4-6}
$$

则 ℓ 或为半稳定的极限环，或者在 ℓ 的邻域内，充满着系统 (4-1) 的无数个周期解。

4.3 Hopf 分叉定理

在第 3 章内，我们介绍了 Hopf 分叉的概念，这节我们给出一个常用的判断 Hopf 分叉的定理，关于定理证明，我们没有引入 [1–5]。

定理 9 考虑如下含参数 μ 的非线性动力系统：

$$
\frac{\mathrm{d}x}{\mathrm{d}t} = f(x, \mu)
\tag{4-7a}
$$

式中, $x = (x_1, x_2, \cdots, x_n)^{\mathrm{T}}$; μ 是参数; $f(0, 0) = 0$。

(1) 若 $A(\mu_0) = D_x f(0, \mu_0)$, 有一对共轭复特征值 $a(\mu) \pm \mathrm{i}\beta(\mu)$, 且 $a(\mu_0) = a(0) = 0$, $\beta(0) > 0$。

(2) $a'(\mu_0) = a'(0) \neq 0$, 意味着 $a(\mu) \pm \mathrm{i}\beta(\mu)$ 当 μ 通过 μ_0 时横穿虚轴。

(3) $A(\mu_0)$ 其余的 $n - 2$ 个特征值都有负实部, 则系统在 μ_0 的邻域上存在一个周期解族, 即存在对应于 $\beta(\mu_0)$ 模态运动。

另一通俗的解释: 考虑如下含参数 μ 的二维非线性动力系统

$$
\begin{cases}
\dot{x} = f(x, y, \mu) \\
\dot{y} = g(x, y, \mu)
\end{cases}
\tag{4-7b}
$$

式中, f、g 是 x、y、μ 的解析函数。设参数 $\mu = 0$ 时, 系统 (4-7b) 以 (0,0) 点为中心型稳定 (不稳定) 焦点; 参数 $\mu > 0$ 时, 系统 (4-7b) 以 (0,0) 为不稳定 (稳定) 焦点, 则对充分小的 $\mu > 0$, 系统 (4-7b) 在点 (0,0) 附近至少有一个稳定 (不稳定) 极限环。

根据这个定理, 我们有以下推论:

如果系统 (4-7b) 的 f、g 是 x、y、μ 的解析函数, 研究系统在 (0,0) 处的特征, 如果根据其线性理论, $\mu < 0$ 时, (0,0) 是系统的稳定 (不稳定) 焦点; $\mu = 0$ 时, (0,0) 是系统的中心点; $\mu > 0$ 时, (0,0) 是系统不稳定 (稳定) 的焦点, 则在 $\mu = 0$ 处, 系统将出现 Hopf 分叉, 在 $\mu > 0$ 的区域产生稳定 (不稳定) 的极限环。

4.4　飞行器单自由度系统振动的极限环

如图 4-2 所示, 在光滑地面上, 飞行器在弹性力和空气阻尼的作用下作单自由度振荡。设 $y = 0$ 是飞行器的平衡位置, C_m 是弹性力刚度

系数对系统质量之比，C_μ 是阻尼对质量之比，其运动方程是

$$\ddot{y} = C_m(y, \dot{y}) + C_\mu(y, \dot{y})\dot{y}$$

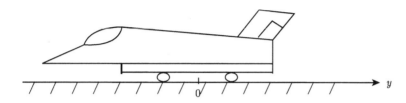

图 4-2　光滑地面上，飞行器在弹性力和空气阻尼的作用下作单自由度振荡

令

$$\dot{y} = x, \quad y = y \tag{4-8}$$

则

$$\dot{x} = \ddot{y}$$
$$\dot{y} = x$$

于是方程变为

$$\begin{cases} \dot{x} = C_m(x, y) + C_\mu(x, y)x \\ \dot{y} = x \end{cases} \tag{4-9}$$

在 $x = 0$，$y = 0$ 时，将 C_m 和 C_μ 进行 Taylor 展开得

$$\begin{cases} C_m(x, y) = \left(\dfrac{\partial C_m}{\partial x}\right)_0 x + \left(\dfrac{\partial C_m}{\partial y}\right)_0 y + \cdots \\ C_\mu(x, y)x = C_\mu(0, 0)\, x + \cdots \end{cases} \tag{4-10}$$

这里下标 "0" 表示 $x = y = 0$ 的值。将此式代入式 (4-9) 得

$$\begin{cases} \dot{x} = \left[\left(\dfrac{\partial C_m}{\partial x}\right)_0 + C_\mu(0, 0)\right] x + \left(\dfrac{\partial C_m}{\partial y}\right)_0 y + N(x, y) \\ \dot{y} = x \end{cases} \tag{4-11}$$

式中, $\dfrac{\partial C_m}{\partial x} = \dfrac{\partial C_m}{\partial \dot{y}}$ 是动态力矩; $N(x,y)$ 表示二阶以上的小量。定义

$$\mu = \left(\dfrac{\partial C_m}{\partial x}\right)_0 + C_\mu(0,0) = \left(\dfrac{\partial C_m}{\partial \dot{y}}\right)_0 + C_\mu(0,0) \qquad (4\text{-}12)$$

由式 (4-11) 易知

$$a = \mu$$
$$b = \left(\dfrac{\partial C_m}{\partial y}\right)_0$$
$$c = 1$$
$$d = 0$$

由此可得

$$\begin{cases} p = -(a+d) = -\mu \\ q = ad - bc = -\left(\dfrac{\partial C_m}{\partial y}\right)_0 \\ p^2 - 4q = \mu^2 + 4\left(\dfrac{\partial C_m}{\partial y}\right)_0 \end{cases} \qquad (4\text{-}13)$$

由于 $\left(\dfrac{\partial C_m}{\partial y}\right)_0$ 是平衡情况下的静态力的系数, 在静态平衡情况下,

$$\left(\dfrac{\partial C_m}{\partial y}\right)_0 < 0 \qquad (4\text{-}14)$$

因此 $q > 0$。当 $\mu < 0$ 时, $p > 0$, (0,0) 为稳定的螺旋点形态 (图 4-3(a)); $\mu > 0$ 时, (0,0) 为不稳定的螺旋点形态 (图 4-3(b)); 当 $\mu = 0$ 时, 要出现 Hopf 分叉, 生成稳定的极限环 (图 4-3(c))。

如果 μ 由 $\mu > 0$ 经 $\mu = 0$ 到 $\mu < 0$, 也要出现 Hopf 分叉, 产生不稳定的极限环。

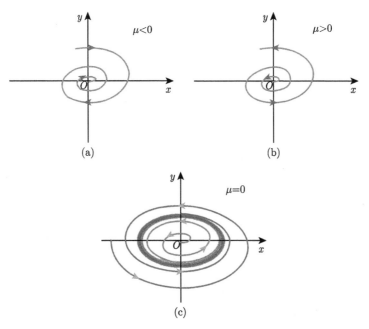

图 4-3 $\mu < 0$ 经 $\mu = 0$ 到 $\mu > 0$ 的角运动形态 (后附彩图)

参 考 文 献

[1] Li L. The periodic solution of gussi-conserative system. Proc. Int. Conf. Nonl. Mech.(Shang Hai), 1985.

[2] 叶彦谦. 极限环理论. 上海: 上海科技出版社, 1984.

[3] Li L. Energy method for computing periodic solution of strongly nonlinear systems(Ⅰ). Autonomous Systems Nonlinear Dynamics, 1993, 9(3): 223-247.

[4] 李骊. 强非线性振动系统的定性理论和定量方法. 北京: 科学出版社, 1997.

[5] 张伟, 杨绍普, 徐鉴, 等. 非线性系统的周期振动和分岔. 北京: 科学出版社, 2002.

第 5 章　混沌或奇异吸引子及激波振荡的倍周期现象

5.1　混沌的概念

在自然界中存在两种物质的运动: 无规则的随机运动和具有确定性的规则运动。为了描述这两种运动, 前者发展了统计理论, 而后者发展了确定性理论。最典型的确定性理论是在牛顿力学基础上发展起来的力学理论, 当初始条件给出后, 利用描述运动的力学方程, 可以给出以后的运动规律。传统的流体力学理论就是在这种框架下发展起来的。在确定性理论中 [1-7], 我们常常有这样的概念: ① 运动方程的解连续地依赖于初始条件, 即当初始条件做微小变化时, 运动方程的解在以后的时刻也仅做微小的变化; ② 初始条件给定后, 以后各个时刻的运动规律都是可以预测到的, 是规则的运动。但是, 20 世纪 60 年代以后, 这种传统的观念受到了挑战。人们发现, 一个描述运动的微分方程, 如果它是非线性的, 在一定条件下它会出现如下情况:

(1) 初始条件的微小变化, 可引起以后时刻解的巨大变化;

(2) 确定的微分方程在确定的初始条件下, 可以有随机的无规则解。

在文献中, 这种由确定性方程直接得到的具有随机性的运动称之为混沌。由于混沌具有随机性, 它在相平面的有限范围内, 其轨线必然要有折叠, 否则轨线就只能是封闭曲线 (规则的周期运动) 或者延伸到无限远。而折叠的轨线, 必然有交点。

对于仅有两个自变量的自治系统, 出现折叠的交点就意味着同一时刻，在该点有不同的轨线方向，这是不允许的，因此混沌运动只可能出现在三个或三个以上变量的自治系统中。对于具有两个自变量的非自治系统，由于相平面上的折叠交点，对应于两个不同时刻，所以二维非线性非自治系统，也可以产生混沌运动。

为了进一步说明混沌的特征，下面给出两个例子。

例 1　达芬 (Duffing) 方程引起的混沌。

达芬强迫振动方程可写成如下形式：

$$\ddot{x} - 0.3\dot{x} - x - x^3 = k\cos(1.2t) \tag{5-1}$$

式中，k 为参数。如果引入

$$y = \dot{x} \tag{5-2}$$

则达芬方程可写成

$$\begin{cases} \dot{x} = y \\ \dot{y} = 0.3y + x + x^3 + k\cos(1.2t) \end{cases} \tag{5-3}$$

显然达芬方程可视为两个自变量的非自治系统。借助于数值计算方法，当给定初始条件后，可以给出式 (5-1) 或式 (5-3) 的解。图 5-1 给出式 (5-1) 的两个解：一个初值为 $x(0) = 2$，$y(0) = \dot{x}(0) = 0$；另一个初值为 $x(0) = 2.01$，$y(0) = \dot{x}(0) = -0.01$；在计算两个解时，均取 $k = 0.31$。图 5-1 和图 5-2 的结果，一个是随时间变化，一个是 x、$\dot{x}$ 的相图。他们均摘自刘秉正编者的《非线性动力学与混沌运动》一书。可以看到，两个解的初值相差很小，它们在运动起始后一段时间内，相差也很小，但是在这段时间后，两个解的差别越来越大，并且都不是周期解，而是具有随机性的运动。

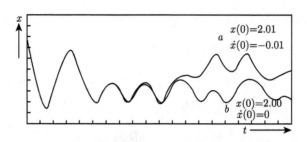

图 5-1　两个邻近初始条件的解 $(x \sim t)$

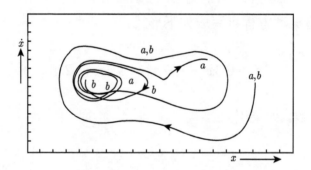

图 5-2　图 5-1 对应的相空间的轨线

例 2　洛伦茨 (Lorenz) 方程引起的混沌运动。

1963 年洛伦茨在研究大气湍流时，曾得到了如下方程：

$$\begin{cases} \dot{x} = \sigma\,(y - x) \\ \dot{y} = \rho x - y - xz \\ \dot{z} = -\beta z + xy \end{cases} \tag{5-4}$$

该方程现被称为洛伦茨方程。式中，σ、ρ、β 为三个参数，其中，σ 表示 Prandtl 数，一般取值为 $\sigma = 10$；β 为流场的环形参数，一般取值为 $\beta = 8/3$；ρ 为 Rayleigh 数，在很多文献中，一般把它作为可变动的参数。这个方程当给出初始条件后，例如，给定初始条件为

$$\begin{cases} x\,(0) = 0 \\ y\,(0) = 0 \\ z\,(0) = 0 \end{cases} \tag{5-5}$$

则用数值方法可求得 $t > 0$ 的解。研究指出,当 $\rho > 24.74$ 时,式 (5-4) 开始出现混沌运动,图 5-3 给出了 $\rho = 28$ 的解,图 5-4 是该解在 xOz 平面上的投影。

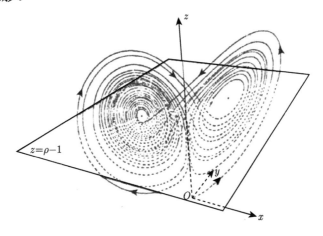

图 5-3　洛伦茨方程的解

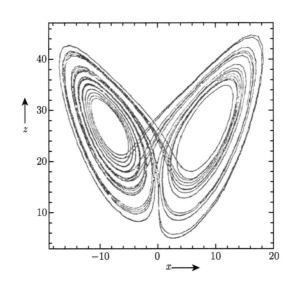

图 5-4　洛伦茨方程解在 xOz 平面上的投影

可以清楚看出,相轨线最后收缩到在两个圆盘间来回盘旋,永不重复,但也永不远离。

洛伦茨方程的混沌解强烈依赖于参数 ρ, 1980 年杜米达 (Tomita) 指出, 当 ρ 进一步加大时, 可出现不同的吸引子类型, 在洛伦茨方程的混沌区内 ($\rho > 24.74$), 有各种周期解的窗口; 1983 年鲍茂 (Pomeau) 指出, $\rho = 166.6$ 时, 出现鞍、结点分叉, 这表明有间歇现象。

5.2　保守系统和耗散系统中的混沌

大家知道, 系统可分成两类: 保守系统和耗散系统。对于保守系统, 其相体积不随时间改变; 但是对于耗散系统, 相体积随时间减小, 即耗散系统的相体积逐渐收缩。下面分别研究两种系统的混沌。

5.2.1　保守系统的混沌

在理论力学中我们知道, 对于一个 n 维的保守系统, 存在哈密顿函数 H, 它是 n 个广义动量和 n 个广义坐标的函数。又可分成两种情况, 一种情况是, 能找到正则变换系列使广义动量和广义坐标变成另一套变量为 J_i 和 $\theta_i(i = 1, 2, \cdots, n)$ 的哈密顿函数 $\tilde{H} = \tilde{H}(J_1, J_2, \cdots, J_n)$, 且满足

$$\dot{\theta}_i = \frac{\partial \tilde{H}}{\partial J_i} = \omega_i$$

$$\dot{J}_i = -\frac{\partial \tilde{H}}{\partial \theta_i} = 0$$

此时 $\tilde{H}$ 可被积分出来, 叫可积的保守系统, 结果是

$$\theta_i(t) = \omega_i t + \theta_i(0)$$

$$J_i = J_i(0)$$

此时系统的运动被限制在 n 维环面上, 是确定的, 不是随机的。

当可积系统的运动对于一切广义坐标都是有界时, 系统中的物理量只能是角变量的周期函数, 此时系统的运动, 被限制在 n 维环面上, $J_i =$

$J_i(0)$ 是环面的各个半径，θ_i 表示在环面上的绕动，对于二维系统，该环面如图 5-5 所示。

另一种情况是，H 不能被积分出来叫不可积保守系统。那么不可积的情况又如何？

如果哈密顿函数可写成如下形式：

$$H = H_0 + h$$

式中，H_0 是可积的；h 是很小的不可积的扰动函数，我们称此系统为近可积的。对于近可积系统，Kolmogorov (在 1954 年提出)、Arnold 和 Moser (20 世纪 60 年代初分别加以证明) 给出了一个有名的定理——KAM 定理，该定理如下。

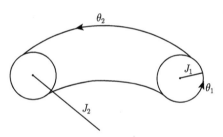

图 5-5 二维可积系统的环面

如果近可积系统满足以下两个条件：

(1) h 很小；

(2) 对于 $H_0(J_1, J_2, \cdots, J_n)$ 的 n 个频率 ω_i 雅可比 (Jacobi) 矩阵行列式

$$\frac{\partial(\omega_1, \omega_2, \cdots, \omega_n)}{\partial(J_1, J_2, \cdots, J_n)} \neq 0$$

即满足不相关或非共振条件，则不可积系统 $H = H_0 + h$ 的运动仍限于 n 维环面上。

KAM 定理表明，近可积系统和可积系统一样，也不会出现随机运动, 因此不可能产生混沌, 但是进一步研究指出, 如果 KAM 定理中的两个条件不满足, 近可积系统迷走轨线的数目会越来越多, n 维环面会逐渐消失, 混沌将会出现。

根据以上讨论, 我们有以下结论: 不可积的保守系统, 如果不满足 KAM 定理的条件, 它可能产生混沌。但是由于系统是保守的, 相体积在运动过程中并不改变, 因此运动不能收缩到某有限的区域, 即保守的混沌运动是随机的, 但不存在吸引子。

5.2.2　耗散系统的混沌

对于耗散系统, 如果阻尼力为正, 相体积是收缩的。根据系统性质的不同, 收缩过程和收缩程度也不同。例如, 有的收缩到一个不动点 (稳定定态), 其维数为零; 有的收缩到一个闭轨 (极限环), 其维数为 1; 有的收缩到二维环面上, 其维数为 2; 有的收缩到 $k(< n)$ 维环面上。一般称系统在相空间最后收缩占领的有限区域为吸引子, 它是不随时间而改变的。系统收缩到一点的叫做点吸引子; 系统收缩到闭轨 (极限环) 或环面上的, 叫做周期或准周期吸引子。这些吸引子的维数都是整数, 但是, 对于混沌运动, 其吸引子的情况和上述情况完全不同, 一方面由于系统的耗散作用, 轨线要收缩; 另一方面由于建筑在系统任一解基础上的扰动解的系数矩阵至少具有一个正实部的特征根, 所以从局部上来看, 它又具有不稳定的性质, 即相互靠近的轨道要相互排斥。这样一来, 混沌运动的轨线最后要收缩到有限的空间内, 但是在这个有限的区域内, 轨线是靠拢又分开, 分开后又折叠而靠拢, 并且无数次的来回靠拢、分开和折叠, 这就是混沌吸引子的特征。因为它和上述点吸引子和周期吸引子有不同的特征, 所以混沌的吸引子又叫奇异吸引子, 而点吸引子和周期吸引子叫做平庸吸引子或普通吸引子 [1-6]。

综上所述, 耗散系统的混沌具有奇异吸引子, 它和普通吸引子比较,有如下特征。

(1) 对于耗散系统, 从总体上来说, 系统是稳定的, 吸引子以外的一切运动最后都要收缩到吸引子。但是在吸引子内部, 从局部来看, 运动又是不稳定的, 相运动的轨线要互相排斥和分离。

(2) 奇异吸引子可能具有孔洞, 即混沌吸引子不一定填满某一有限的区域, 除了大孔洞外, 还可能有各种层次的小孔洞。这些大大小小的各层次的孔洞存在, 使奇异吸引子具有自相似结构。

(3) 奇异吸引子内的轨线, 强烈依赖于初始条件, 初始条件稍有不同, 在吸引子内的轨线会有很大的区别。

为了进一步描述奇异吸引子的上述性质, 常常引入分数维、李雅普诺夫 (Lyapunov) 指数等概念。

1. 分数维

奇异吸引子既然是自相似结构, 它的维数就可采用分数维理论来确定。

设一个维数为 d 的物体, 用长度单位 ε 来测量, 测得它的大小的数值为 M, 显然 M 与 $1/\varepsilon^d$ 成正比, 因此 M 可写成

$$M(\varepsilon) = \frac{C}{\varepsilon^d}$$

式中, C 是常数。当 $\varepsilon=1$ 时, 如果 $M = M_1$, 则 $C = M_1$, 于是上式可写成

$$M(\varepsilon) = \frac{M_1}{\varepsilon^d} \tag{5-6}$$

如果把测量单位缩小 n 倍, 变成 ε/n, 此时测量出的物体大小的数量值增大 k 倍, 变成 kM, 显然

$$kM = \frac{M_1}{\left(\dfrac{\varepsilon}{n}\right)^d} = \frac{M_1}{\varepsilon^d} n^d = M n^d$$

由此可得

$$k = n^d$$

两边取对数，可得到物体维数的定义

$$d = \frac{\ln k}{\ln n} \tag{5-7}$$

另外，由式 (5-6) 可得

$$\ln M = \ln M_1 + d \ln \left(\frac{1}{\varepsilon} \right)$$

该式亦可写成

$$d = \frac{\ln M - \ln M_1}{\ln \left(\dfrac{1}{\varepsilon} \right)} \tag{5-8}$$

因为当 $\varepsilon \to 0$ 时，$M \to \infty$，而 M_1 是有限的常数，所以上式亦可写成

$$d = \lim_{\varepsilon \to \infty} \frac{\ln M (\varepsilon)}{\ln \left(\dfrac{1}{\varepsilon} \right)}$$

该式定义的维数叫做豪斯多夫容积维。

　　奇怪吸引子的维数，可由式 (5-7) 或式 (5-8) 直接求出，办法是将相空间或其投影划分成大量的边长为 ε 的小格，然后长时间跟踪某一条混沌轨线，看它穿透了多少不同的小格，其数目即是 M，如果再把小格的边长缩小 n 倍变成 ε/n，然后用同样的方法和同样的时间记录穿透的小格数，设小格数增加了 k 倍变成了 kM 个，根据式 (5-7) 可计算出 d，继续再将格子分小，重复去做并求出新的 d，当确定存在 d 的极限值时，这个极限值就是所研究的奇异吸引子的维数。显然这样做是很复杂的。下面引入另一个概念 —— 李雅普诺夫指数。

2. 李雅普诺夫指数

设系统的运动可用以下方程描述

$$\dot{x}_i = f_i(x_1, x_2, \cdots, x_n) \quad (i = 1, 2, \cdots, n) \tag{5-9}$$

又设 x_{i0} 和

$$x_i = x_{i0} + \delta x_i \quad (i = 1, 2, \cdots, n) \tag{5-10}$$

是两个相邻很近的解。将式 (5-10) 代入式 (5-9)，可得如下线化方程：

$$\frac{\mathrm{d}(\delta x_i)}{\mathrm{d}t} = \sum_{j=1}^{n} L_{ij}(x_0)\,\delta x_j \quad (i = 1, 2, \cdots, n) \tag{5-11}$$

式中

$$L_{ij}(x_0) = \left(\frac{\partial f_i}{\partial x_j}\right)_{x_0} \tag{5-12}$$

式 (5-12) 称为李雅普诺夫矩阵。为了研究 δx_i 随时间增长的特性，设

$$\delta x_i = (\delta x_i)_0\, \mathrm{e}^{\lambda t} \tag{5-13}$$

这样李雅普诺夫矩阵的特征值 $\lambda = \lambda_r + i\lambda_i$ 就可用来决定 δx_i 增长的规律，只要有一个 λ 其实部 λ_r 为正，δx_i 就是发散的。所谓李雅普诺夫指数，它的定义是

$$\sigma_i(x_0, \delta x) = \lim_{t \to \infty} \frac{1}{t} \ln \frac{|\delta x_i(x_0, t)|}{|\delta x_i(x_0, 0)|} \tag{5-14}$$

这里 $\delta x_i(x_0, t)$ 即式 (5-13) 中的 δx_i，$\delta x_i(x_0, 0)$ 即 $(\delta x_i)_0$。不难看出，李雅普诺夫指数 σ_i 实际上表征了特征值的实部 λ_r 在长时间变化时的情况，如果 $\sigma_i < 0$，表示两临近轨线相互靠拢 (收缩)；如果 $\sigma_i > 0$，表示两相邻轨线相互离开 (分离)。对于 n 维系统，有 n 个指数，按大小序列排列，它们可写成

$$\sigma_1 \geqslant \sigma_2 \geqslant \sigma_3 \geqslant \cdots \geqslant \sigma_n \tag{5-15}$$

对于二维自治系统，点吸引子的轨线，沿任意方向 δx_i，都是向吸引子收缩的，即全是负值，对于周期吸引子 (极限环)，沿环向，轨线不收缩也不增大。但沿环的垂向，轨线是收缩的，即二维自治系统

$$\begin{cases} \text{点吸引子:} (\sigma_1, \sigma_2) = (-, -) \\ \text{周期吸引子 (极限环):} (\sigma_1, \sigma_2) = (0, -) \end{cases} \tag{5-16}$$

对于三维自治系统，同样的论证可以给出

$$\begin{cases} \text{点吸引子:} (\sigma_1, \sigma_2, \sigma_3) = (-, -, -) \\ \text{极限环:} (\sigma_1, \sigma_2, \sigma_3) = (0, -, -) \\ \text{二维环面:} (\sigma_1, \sigma_2, \sigma_3) = (0, 0, -) \\ \text{奇异吸引子:} (\sigma_1, \sigma_2, \sigma_3) = (+, 0, -) \end{cases} \tag{5-17}$$

5.3　通向混沌的道路

通向混沌的道路，一般认为有三条：倍周期道路、准周期道路和间歇道路 [1-6]。下面分别讨论之。

5.3.1　倍周期道路

一个典型的例子就是 Rossler 方程：

$$\begin{cases} \dfrac{\mathrm{d}x}{\mathrm{d}t} = -y - z \\ \dfrac{\mathrm{d}y}{\mathrm{d}t} = x + 0.2y \\ \dfrac{\mathrm{d}z}{\mathrm{d}t} = 0.2 + xz - \mu z \end{cases} \tag{5-18}$$

的数值结果。利用数值方法，当初始条件给定和 μ 给定后，式 (5-18) 的轨线可以被求出。图 5-6 给出了 $\mu = 2.6 \sim 4.6$ 的计算结果，图中上半部分是 xOy 平面上的轨线，下半部分是功率谱密度 (PSD) 与频率的关系。

可以看出，当 $\mu = 2.6$ 时，为 1 周期解；当 $\mu = 3.5$ 时，为 2 周期解；当 $\mu = 4.1$ 时，为 4 周期解。$\mu = 4.23$、4.3、4.6 是后三种情况，当 $\mu > 4.23$ 时，出现混沌，并伴有轨线集聚在窄带和形成空窄带的情况。

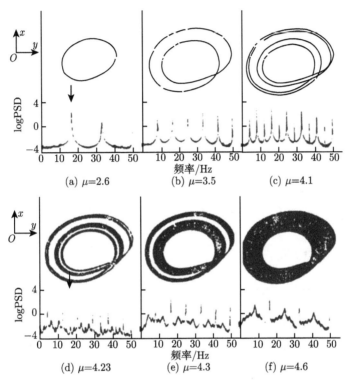

图 5-6 Rossler 方程的功率谱和轨线

这里应该指出，这条道路最先是 Feigenbaum 提出来的。他在研究逻辑斯谛 (Logistic) 映射 $x_{n+1} = \mu x_n (1 - x_n)$ 时，发现当 $1 \leqslant \mu \leqslant \mu_1$ 时，仅有一个稳定的映射解 x_1^*；当 $\mu_1 < \mu < \mu_2$，$t \to \infty$ 时，有两个 $x_1^* x_2^*$ $x_1^* x_2^*$ $x_1^* x_2^* \cdots$ 稳定周期解，叫二周期解；如果 $\mu_2 \leqslant \mu \leqslant \mu_3 = 3.545$，$t \to \infty$ 的过程中，存在四个 $x_1^* x_2^* x_3^* x_4^*$ $x_1^* x_2^* x_3^* x_4^* \cdots$ 稳定的周期解，叫四周期解；当 $\mu_3 \leqslant \mu \leqslant \mu_4 = 3.56914$，$t \to \infty$ 时，存在八个 $x_1^* x_2^* x_3^* x_4^* x_5^* x_6^* x_7^* x_8^* \cdots$ 稳定的周期解，叫八周期解，至此就可认为是混沌。见图 5-7。在这个区域内，系统存在不可数集，其中的点，在 [0, 1]

区域内随机的游荡,它们的轨线可连成一片。当 μ 值由 $\mu = 4$ 减小,这一片也在缩小,至 $\mu_{(1)} = 3.6786$ 时分叉成两片,再减至 $\mu_{(2)} = 3.5926$ 时又分叉成 4 片,接着是 8 片,16 片,$\cdots$。

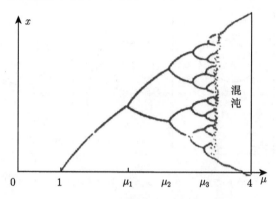

图 5-7   逻辑斯谛映像的分叉和混沌

5.3.2   准周期道路

最早提出准周期道路的是朗道 (1944 年),他认为湍流形成的过程是:当流动的雷诺数 (Re) 超过某临界值时,出现 Hopf 分叉,此时出现频率 ω_1 的振荡而且是流体运动失稳;Re 进一步加大到另一临界值时,发生第二次 Hopf 分叉,出现新的 ω_2 的振荡,通常 ω_2/ω_1 为无理数,此时运动可用二维环面表示;Re 进一步加大,将出现更多频率的准周期振荡,最后这种极复杂的准周期运动便是湍流 (图 5-8)。

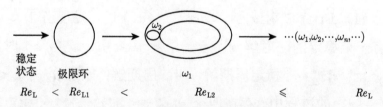

图 5-8   朗道通向湍流之路

然而实验结果表明,当湍流刚一失稳时,确有一个 Hopf 分叉,随后出现环上 Hopf 分叉,有两个不可约的频率 ω_1 和 ω_2,但是在此之后,就变成具有连续谱的湍流了。这样一来，朗道的无穷多次 Hopf 分叉的设想，并不符合实际。

20 世纪 70 年代，Ruelle 和 Takens 等证明，只要通过四次或三次 Hopf 分叉，流动就转变为混沌，这个理论和实验是一致的。图 5-9 表示了 Ruelle 和 Takens 给出地过渡到混沌的准周期道路。

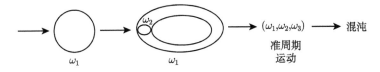

图 5-9 通向混沌的准周期道路

5.3.3 间歇道路

现研究达芬方程的数值解。由式 (5-3)，该方程可写成

$$\ddot{x} = 0.3\dot{x} + x + x^3 + k\cos\left(1.2t\right) \tag{5-19}$$

式中，$k\cos\left(1.2t\right)$ 相当于外力，它的周期是 $T = 2\pi/1.2$。图 5-10 给出了 $k = 0.20, 0.27, 0.28, 0.2867, 0.32, 0.36, 0.40$ 的计算结果 ($x \sim t$ 的曲线)。当 $k = 0.20$ 时，运动是周期的，其周期和 T 相同；当 $k = 0.27$ 时，运动是 2 周期的，其周期为 $2T$；当 $k = 0.28$ 时，运动是 4 周期的，其周期为 $4T$；当 $k = 0.2867$ 时，运动是 8 周期的，其周期为 $8T$；当 $k = 0.32$ 时，运动变成了混沌；但是当 $k = 0.36$ 时，运动又变成了 5 周期运动，周期为 $5T$；当 $k = 0.40$ 时，运动又变成混沌。进一步增大 k，研究表明，混沌运动还会变成周期运动。这个例子表明，混沌发展的过程是间歇的，它存在间歇的窗口，在这个窗口内，运动暂停混沌的性质。

以上给出了过渡到混沌的三条道路，在实际问题中，常常没有这样单一，如在准周期道路中包含有倍周期的内容，但是这三种情况可理解为最基本的情况。

还有 Feigenbaum 发现, 在周期为 2^k, $k = 0, 1, 2$ 的区域内, 设分叉点为 μ_m, 存在如下普适常数:

$$\delta = \lim_{m \to \infty} \frac{\mu_m - \mu_{m-1}}{\mu_{m+1} - \mu_m} = 4.669201661 \cdots$$

这个常数不仅逻辑斯谛映像存在, 其他倍周期分叉 (如 Rossler 方程的分叉) 也存在。

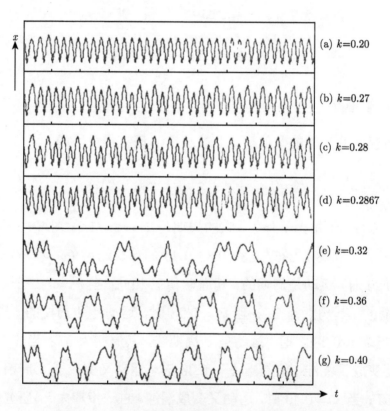

图 5-10　k 取不同值时方程 (5-19) 的解 $(x \sim t)$ 曲线

5.4　激波计算中出现的倍周期现象 [8]

从一维定常 N-S 方程出发, 我们可以得到, 气体穿过正激波的运动

方程式是

$$\frac{\mathrm{d}u}{\mathrm{d}x} = \beta\frac{(u-1)(u-u_2)}{u} \tag{5-20}$$

式中，x 表示坐标 (图 5-11)；u 是用激波上游的速度无量纲化的速度；u_2 为相应的激波下游的速度。它可表示为

$$u_2 = \frac{\gamma-1}{\gamma+1}\left(1 + \frac{2}{\gamma-1}\frac{1}{Ma^2}\right)$$

式中，γ 为绝热指数；Ma 为激波远上游的马赫数；$\beta = \frac{3}{8}\frac{\gamma+1}{\gamma}\frac{\rho_\infty u_\infty}{\mu}$；$\mu$ 为黏性系数；ρ_∞ 为激波远上游的密度。激波上、下游，方程满足：

$$\begin{cases} x \to -\infty, & u \to 1 \\ x \to \infty, & u \to u_2 \end{cases} \tag{5-21}$$

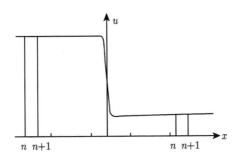

图 5-11　一维激波及坐标系

现在来分析上、下游解的性质。把 x 轴划分为均匀网格，并设网格的结点号为 n，沿 x 正向，n 增加。在激波上游最左边结点的物理量已知，所以为研究物理量的变化，我们建立结点 $n+1$ 与左结点 n 的物理量的关系。利用 Taylor 展开式，并略去 $(\Delta x)^2$ 以上的物理量得

$$u^{n+1} = u^n + \beta\Delta x\frac{(u^n-1)(u^n-u_2)}{u^n}$$

在上游，u 可表达为 $u = 1 + \varepsilon$，这里 $\varepsilon \ll 1$，将此关系代入上式，略去 ε^3 以上小量后得

$$y^{n+1} = \alpha_u y^n \left(1 - y^n\right) \tag{5-22}$$

式中

$$\begin{cases} \alpha_u = 1 + \beta\Delta x \left(1 - u_2\right) \\ y = -\dfrac{\beta\Delta x u_2}{1 + \beta\Delta x \left(1 - u_2\right)}\varepsilon \end{cases} \tag{5-23}$$

另外, 在激波下游, 最右边结点上的物理量已知, 所以为了研究下游物理量的变化, 我们研究下游区结点 n 和其右结点 $n+1$ 上的物理量关系, 此时设 $u = u_2 + \varepsilon$ 且 $\varepsilon \ll u_2$。经过类似的处理, 最后可得

$$z^n = \alpha_d z^{n+1} \left(1 - z^{n+1}\right) \tag{5-24}$$

式中

$$\begin{cases} \alpha_d = 1 + \dfrac{1 - u_2}{u_2}\beta\Delta x \\ z = \dfrac{u_2^2 + \beta\Delta x \left(1 - u_2\right) u_2}{\beta\Delta x}\varepsilon \end{cases} \tag{5-25}$$

由式 (5-22) 和式 (5-24) 可以看出, 在激波上、下游, 左右相邻结点的物理量均分别满足逻辑斯谛关系。在数值求解方程 (5-20) 时, 通常都由某一中间位置 (如 $u = \sqrt{u_2}$ 的位置) 开始, 分别向左右推进。如果采用一阶欧拉格式, 很容易向上推进, 稳定条件为 $(\beta\Delta x) \leqslant 2/(1 - u_2)$, 向下推进稳定条件为 $(\beta\Delta x) \leqslant 2u_2/(1 - u_2)$。如果计算中采用的 $(\beta\Delta x)$ 分别超出上述限值时将有 $\alpha_u > 3$ 和 $\alpha_d > 3$, 这样式 (5-22) 和式 (5-24) 表明激波上、下游将分别出现倍周期波动。

图 5-12 是在 $Ma = 5$, $\gamma = 1.4$ 条件下用此方法求解所得的激波曲线。计算中 $(\beta\Delta x)$ 分别取 0.40, 0.60, 0.65, 0.658, 0.659 及 0.660。根据上面的分析可知 $(\beta\Delta x) = 0.40$ 的结果, 在上、下游应均无波动。其他情况在上游还不出现波动, 但在下游出现倍周期波动。实际计算完全证明分析的正确。图 5-13 是与图 5-12 相应的分叉解的曲线。

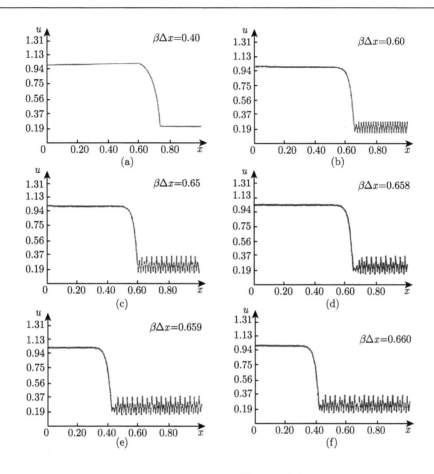

图 5-12 $\gamma = 1.4, Ma = 5$ 推进计算得到的解

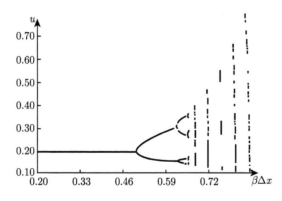

图 5-13 推进计算得到的下游分叉解

参 考 文 献

[1]　Thompson J M T, Stewart H B. Nonlinear Dynamics and Choas. Chichester: John Wiley and Sons, 1986.

[2]　Devaney R L. An Introduction to Chaotic Dynamical System. Boston: Addison-Wesley Publishing Company, 1989.

[3]　郝柏林. 非线性科学丛书. 上海：上海科技教育出版社, 1994.

[4]　王东生, 曹磊. 混沌、分形及其应用. 合肥：中国科学技术大学出版社, 1995.

[5]　卓崇培. 非线性物理学. 天津：天津科学技术大学出版社, 1996.

[6]　刘秉正. 非线性动力学与混沌基础. 长春：东北师范大学出版社, 1994.

[7]　黄润生. 混沌及其应用. 武汉：武汉大学出版社, 2000.

[8]　张涵信, 高树椿, 毛枚良. 差分计算激波时可能产生的倍周期现象. 中国空气动力研究与发展中心报告, 1990.

第6章 非线性非定常动态稳定问题

6.1 引　　言

各种飞行器在耗散型的大气中以不同速度，不同高度飞行时，其飞行状态受飞行马赫数 Ma，攻角 α，姿态等参数的影响，当这些参数之一改变时，飞行状态就会改变或分叉。其状态最终可能会出现下列情况：

(1) 定态解 (包括叉型分叉解)—— 点吸引子；

(2) 周期解 —— 周期吸引子；

(3) 准周期解 —— 准周期吸引子；

(4) 混沌解 —— 奇怪吸引子。

由稳定飞行状态 → 周期运动状态 → 准周期状态 → 混沌，是运动结构变化的必然过程。搞清这些问题，对飞行器设计，分析和控制有重要的意义。现在飞行器飞行状态虽然还未真正到达前述的 (2) 以后的区域，但已经到了它的影响必须考虑的时候。我们研究稳定性就要考虑这方面的问题。

稳定性作为老概念，是指静、动两个方面：静稳定性是飞行器受到扰动后，本身具有恢复原状态的能力；动稳定性是指飞行器在完成恢复状态的过程中所表现的状况。稳定性状态的描述早有了基本方程，这就是飞行器动力学和气体动力学耦合建立的飞行力学的方程 [1,2]。

早期，由于缺乏非线性分析理论，给不出实用准确的稳定性分析。缺乏气动方程的计算方法，只能在气动上做些近似，在耦合方法上做线性假设，这就很难给出准确的解答。在有了大型计算机、数值计算力学方法和非线性分析理论后，飞行稳定性研究进展出现了两个方面的工作。第一，用耦合计算飞行力学和流动方程的数值算法建立飞行稳定性的数值模拟系统。如果存在定态解或周期解，飞行力学和气动方程的数值解可以准确地给出，这就解决了具有点吸引子和周期吸引子的动态数值发展问题。但另外又可能带来新问题，那就是非定常的非定态解，如进入混沌区的解可否准确计算？第二，利用非线性系统动力学的方法分析给出稳定性的判则，揭示稳定性的物理本质。目前进展的情况是：利用非线性动力学的稳定性分析判则，人们可以得到判据，但对准周期解和混沌问题仍在探讨中。

本章将对上述第二个问题进行研究，6.2 节 ~ 6.5 节给出动稳定性系统稳定性判则分析方法。

6.2   稳定性分析需要做的准备工作

在进行上述耦合计算和下面稳定性分析时要明确以下两个问题：一是稳定性分析要用到哪些气动导数，二是这些气动导数应怎样从数值解中给出。这两个问题已经过多年的研究，从工程应用上都有解决的办法。例如，对于近空间飞行的一维滚动问题，设绕 x 轴的转动的总力矩系数为 m_x，其由滚动力矩和阻尼力矩组成，可以证明 $m_x = m_x(\gamma, \dot{\gamma}, \ddot{\gamma})$。近空间飞行 $\ddot{\gamma}$ 对 m_x 的影响小，可不考虑，故有 $m_x = m_x(\gamma, \dot{\gamma}) = m_x(\gamma, \omega_x)$ 成立，这里 γ 是滚转角，$\dot{\gamma} = \dfrac{\mathrm{d}\gamma}{\mathrm{d}t}$ 为滚转角速度 ω_x，$\ddot{\gamma} = \dfrac{\mathrm{d}^2\gamma}{\mathrm{d}t^2} \sim \dot{\omega}_x$。同样对单自由度的俯仰运动，相应有 $m_z = m_z(\alpha, \dot{\alpha}) = m_z(\alpha, \omega_z)$，$\alpha$ 是攻角，ω_z 是俯仰角速度。对于单自由度偏航运动有，$m_y = m_z\left(\beta, \dot{\beta}\right) = m_z(\beta, \omega_y)$，$\beta$ 是侧滑角，ω_y 是偏航角速度。对于 3 个自由度的耦合情况，m_x、m_y、m_z 应有以下依赖关系

$$m_x = m_x\left(\alpha, \beta, \gamma, \omega_x, \omega_y, \omega_z\right)$$

$$m_y = m_y\left(\alpha, \beta, \gamma, \omega_x, \omega_y, \omega_z\right)$$

$$m_y = m_y\left(\alpha, \beta, \gamma, \omega_x, \omega_y, \omega_z\right)$$

可以看出每个力矩系数都与 6 个参数相关, 每个力矩系数可给出 6 个导数, 3 个力矩系数共有 18 个导数, 其中 9 个是关于 α、β、γ 的, 叫静导数; 另外 9 个是关于 ω_x、ω_y、ω_z 的, 叫动导数 (这里略去了 $\dot{\omega}_x$, $\dot{\omega}_y$, $\dot{\omega}_z$ 的影响, 否则将出现 27 个导数)。如此多的导数, 计算分析是相当困难的。在动稳定性分析中, 常常根据物理问题的情况略去一些导数, 这在后面的分析中会遇到。

6.3 稳定性分析中矩阵特征方程分析法

稳定性判则可用非定常非线性动力学理论给出: 设飞行的状态为 $x = (x_1,\ x_2, \cdots, x_n)^{\mathrm{T}}$, x 依赖于时间 t, $\mu = \mu(t)$ 为参量, 其动力学方程是

$$\frac{\mathrm{d}x}{\mathrm{d}t} = \dot{x} = F\left(x, \mu\left(t\right)\right) \tag{6-1a}$$

对不强的非定常系统, $F(x,t) = f(x)$, 可以给出

$$\frac{\mathrm{d}x}{\mathrm{d}t} = f(x) \tag{6-1b}$$

式中, f 是 x 的非线性函数。下面的稳定性分析, 就采用弱非定常假定。在此情况下, 对各自由度的稳定性分析都采用相同的方法。

若 $x = x_0$, $f(x) = f(x_0)$, 即满足方程 $\dfrac{\mathrm{d}x_0}{\mathrm{d}t} = f(x_0)$。令 $\Delta x = x - x_0$, 则进一步由式 (6-1b) 给出, $\dfrac{\mathrm{d}\Delta x}{\mathrm{d}t} = f(x) - f(x_0)$, 展开后得

$$\frac{\mathrm{d}\Delta x}{\mathrm{d}t} = A\left(x_0\right)\Delta x + g\left(x_0, \Delta x\right)\Delta x \tag{6-2a}$$

式中

$$A = \left(\frac{\partial f}{\partial x}\right)_0 \tag{6-2b}$$

$g(x_0, \Delta x)\Delta x$ 是高阶项。式 (6-2a) 亦可写成

$$\frac{\mathrm{d}\Delta x}{\mathrm{d}t} = f(x_0 + \Delta x) - f(x_0) \tag{6-2c}$$

的形式。

从式 (6-2a) 出发，略去高阶项，可给出矩阵 A 的特征方程为

$$|A(x_0) - I\lambda| = 0 \tag{6-3}$$

即有 (在整理该方程时特意将 $a_0 > 0$)

$$a_0\lambda^n + a_1\lambda^{n-1} + a_2\lambda^{n-2} + \cdots + a_{n-1}\lambda + a_n = 0 \tag{6-4}$$

式中，$a_0, a_2, \cdots, a_n$ 是已知的；λ 的 n 个根由解式 (6-4) 给出。根据 λ 的值，有以下稳定性判则的结论。

(1) 如果该方程的系数满足 [3]

$$\Delta_1 = a_1 > 0$$

$$\Delta_2 = \begin{vmatrix} a_1 & a_0 \\ a_3 & a_2 \end{vmatrix} > 0$$

$$\Delta_3 = \begin{vmatrix} a_1 & a_0 & 0 \\ a_3 & a_2 & a_1 \\ a_5 & a_4 & a_3 \end{vmatrix} > 0$$

$$\vdots \tag{6-5}$$

$$\Delta_n = \begin{vmatrix} a_1 & a_0 & 0 & 0 & 0 & \cdots & 0 \\ a_3 & a_2 & a_1 & a_0 & 0 & \cdots & 0 \\ \vdots & \vdots & \vdots & \vdots & \vdots & & \vdots \\ a_{2n-1} & a_{2n-2} & a_{2n-3} & a_{2n-4} & a_{2n-5} & \cdots & a_0 \end{vmatrix} > 0$$

则所有特征根一定有负实部，是稳定的。

(2) 如果有一个特征根为正的实部，所讨论的问题是不稳定的。

(3) 如果有一对共轭复特征根，$\alpha(\mu)\pm\mathrm{i}\beta(\mu)$，$\mu$ 是参数，且 $\alpha(\mu_0)=\alpha(0)=0$、$\beta(0)\geqslant 0$、$\alpha'(\mu_0)=\alpha'(0)\neq 0$，其余 $n-2$ 个特征根全为有负的实部，则在 μ_0 的领域存在一个周期解族[4]。

(4) 特别情况，当特征方程为[4]

$$\lambda^3 + a\lambda^2 + b\lambda + c = 0 \tag{6-6}$$

稳定性条件是

$$\begin{cases} a, b, c > 0 \\ c < ab \end{cases} \tag{6-7}$$

(5) 当特征方程为[5]

$$\lambda^4 + a\lambda^3 + b\lambda^2 + c\lambda + d = 0 \tag{6-8}$$

稳定性条件是

$$\begin{cases} a, b, c, d > 0 \\ \Delta = abc - a^2d - c^2 > 0 \end{cases} \tag{6-9}$$

6.4 李雅普诺夫指数 σ_i 判则 [6]

对于非线性系统 (6-1b)，当 $x = x_0$，$f(x) = f(x_0)$ 时，式 (6-2c) 成立，是 Δx 的一阶非线性方程。根据一阶非线性方程的解的存在定理，当给定 $t = t_0$，$\Delta x_i = (\Delta x_i)_0$ 的初值后，$t > t_0$，Δx 或者 Δx_i 应是存在的，这样 $\dfrac{\Delta x_i}{(\Delta x_i)_0}$ 理论上就存在。即给定初始扰动 $(\Delta x_i)_0$，就应可计算出 $\dfrac{\Delta x_i}{(\Delta x_i)_0}$ 的发展曲线，再计算 $\left|\dfrac{\Delta x_i}{(\Delta x_i)_0}\right| = \mathrm{e}^{\sigma_i t}$（$t$ 为时间）中的李雅普诺夫指数 σ_i。这有很多种算法，如 Runge-Kutta 方法。如果：

(1) 当 $\sigma_i < 0$，就记作 $\sigma_i = (-)$。由此可得 $\sigma_i t < 0 \to \left| \dfrac{\Delta x_i}{(\Delta x_i)_0} \right| < 1$，$|\Delta x_i|$ 的发展是稳定的，收缩的；

(2) 当 $\sigma_i > 0$，就记作 $\sigma_i = (+) \to \sigma_i t > 0 \to \left| \dfrac{\Delta x_i}{(\Delta x_i)_0} \right| > 1$，$|\Delta x_i|$ 的发展是发散的，扩张的；

(3) 当 $\sigma_i = 0$，就记作 $\sigma_i = (0) \to \sigma_i t = 0 \to \left| \dfrac{\Delta x_i}{(\Delta x_i)_0} \right| = 1$，$|\Delta x_i|$ 的发展是既不发散也不收敛的。

可以得到系统稳定、不稳定等发展情况。这就变成了 σ_i 的计算问题，系统若有多个 σ_i，按大小排列，可描述系统的情况，如系统有三个 σ_i：

$(\sigma_1, \sigma_2, \sigma_3) = (-, -, -)$ 为点吸引子；

$(\sigma_1, \sigma_2, \sigma_3) = (0, -, -)$ 为极限环；

$(\sigma_1, \sigma_2, \sigma_3) = (0, 0, -)$ 为二维环面；

$(\sigma_1, \sigma_2, \sigma_3) = (+, 0, -)$ 为混沌吸引子。

6.5   两个判则的应用和比较

现在我们作一个应用和比较。

在飞机横侧向飞行时，它满足以下运动方程：

$$\frac{\mathrm{d}}{\mathrm{d}t}\begin{pmatrix} \Delta\beta \\ \Delta\omega_x \\ \Delta\omega_y \\ \Delta\gamma \end{pmatrix} = \begin{pmatrix} \varepsilon_x & 0 & 1 & g/V \\ m_x^{\beta} & m_x^{\omega_x} & m_x^{\omega_y} & 0 \\ m_y^{\beta} & m_y^{\omega_x} & m_y^{\omega_y} & 0 \\ 0 & 1 & 0 & 0 \end{pmatrix}\begin{pmatrix} \Delta\beta \\ \Delta\omega_x \\ \Delta\omega_y \\ \Delta\gamma \end{pmatrix} = A\begin{pmatrix} \Delta\beta \\ \Delta\omega_x \\ \Delta\omega_y \\ \Delta\gamma \end{pmatrix}$$

式中，β 是侧滑角；γ 是滚转角；$\omega_x, \omega_y, \omega_z$ 是飞行器绕 x, y, z 轴的转动角速度；Δ 表示增量；m_x^{β}, m_y^{β}, $m_x^{\omega_x}$, $m_x^{\omega_y}$, $m_y^{\omega_x}$, $m_y^{\omega_y}$ 是力矩系数的导数；ε_x 是横侧力的导数；g 是重力加速度；V 是飞行速度。

矩阵 A 的特征方程可写为

$$S_0\lambda^4 + S_1\lambda^3 + S_2\lambda^2 + S_3\lambda + S_4 = 0$$

特征方程的各项系数分别为

$$S_0 = 1$$

$$S_1 = -m_x^{\omega_x} - m_y^{\omega_y} - \varepsilon_x$$

$$S_2 = -m_y^{\beta} - m_y^{\omega_x}m_x^{\omega_y} + m_y^{\omega_y}m_x^{\omega_x} + m_y^{\omega_y}\varepsilon_x + m_x^{\omega_x}\varepsilon_x$$

$$S_3 = -m_x^{\beta}\frac{g}{V} - m_x^{\beta}m_y^{\omega_x} + m_y^{\beta}m_x^{\omega_x} + m_x^{\omega_y}m_y^{\omega_x}\varepsilon_x - m_y^{\omega_y}m_x^{\omega_x}\varepsilon_x$$

$$S_4 = -m_x^{\omega_y}m_y^{\beta}\frac{g}{V} + m_y^{\omega_y}m_x^{\beta}\frac{g}{V}$$

特征根 $\lambda_1, \lambda_2, \lambda_3, \lambda_4$ 为

$$(\lambda - \lambda_1)(\lambda - \lambda_2)(\lambda - \lambda_3)(\lambda - \lambda_4) = 0$$

λ_1, λ_2 为实根；$\lambda_3 = \alpha + \mathrm{i}\beta, \lambda_4 = \alpha - \mathrm{i}\beta$ 为复根。根与系数的关系是

$$-S_1 = \lambda_1 + \lambda_2 + 2\alpha$$

$$S_2 = \lambda_1\lambda_2 + 2\alpha(\lambda_1 + \lambda_2) + \alpha^2 + \beta^2$$

$$-S_3 = 2\alpha\lambda_1\lambda_2 + (\lambda_1 + \lambda_2)(\alpha^2 + \beta^2)$$

$$S_4 = \lambda_1\lambda_2(\alpha^2 + \beta^2)$$

现在用两个判则分析其稳定性。

(1) 当 $\gamma_0 = 5°, \omega_{x0} = 1\mathrm{s}^{-1}, \beta_0 = 0, \omega_{y0} = 0, g/V = 0.028, \varepsilon_x = 0.1$ 时，可有 $S_1 = 0.3 > 0, S_2 = 0.16 > 0, S_3 = 1.04 \times 10^{-3} > 0, S_4 = 1.12 \times 10^{-4} > 0, S_1S_2S_3 - S_1^2S_4 - S_3^2 > 0$。特征分析法指出，$\lambda_1 < 0, \lambda_2 < 0, \alpha < 0$，全部根为负，是稳定的。李雅普诺夫指数法给出了图 6-1 的结果，两个判则结论是一致的。

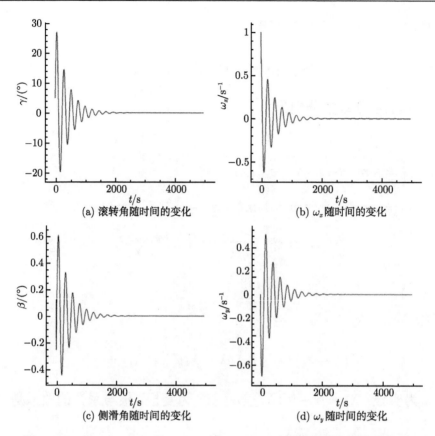

(a) 滚转角随时间的变化   (b) ω_x 随时间的变化

(c) 侧滑角随时间的变化   (d) ω_y 随时间的变化

图 6-1 $m_x^\beta = -0.18, m_y^\beta = -0.14, \varepsilon_x = -0.1$ 时运动稳定的发展历程

$S_1 = 0.3 > 0,\ S_2 = 0.16 > 0,\ S_3 = 1.04 \times 10^{-3} > 0,\ S_4 = 1.12 \times 10^{-4} > 0$

(2) 给定条件 $S_1 = 0.3 > 0$, $S_2 = 0.16 > 0$, $S_3 = 4.64 \times 10^{-3} > 0$, $S_4 = -2.8 \times 10^{-5} < 0$, 因 $S_4 < 0$, $\lambda_1\lambda_2 < 0$, λ_1, λ_2 异号, 即总有 1 个实部为正的根, 特征分析法是不稳定的。利用李雅普诺夫指数判则, 可给出图 6-2 的结果, 它也是不稳定的。

(3) 给定 $S_1 = 0.3 > 0$, $S_2 = 0.16 > 0$, $S_3 = -4 \times 10^{-4} < 0$, $S_4 = 1.68 \times 10^{-4} > 0$。矩阵法指出此条件下若有稳定解, 要求 $\lambda_1 < 0$, $\lambda_3 < 0$, $\alpha < 0$, 此时 $\lambda_1\lambda_2 > 0$, $\lambda_1 + \lambda_2 < 0$, 有 $2\alpha\lambda_1\lambda_2 + (\lambda_1 + \lambda_2)\left(\alpha^2 + \beta^2\right) = (-S_3) < 0$, 即 $S_3 > 0$, 而现在给定的是: $S_3 < 0$。这说明矩阵法在此条

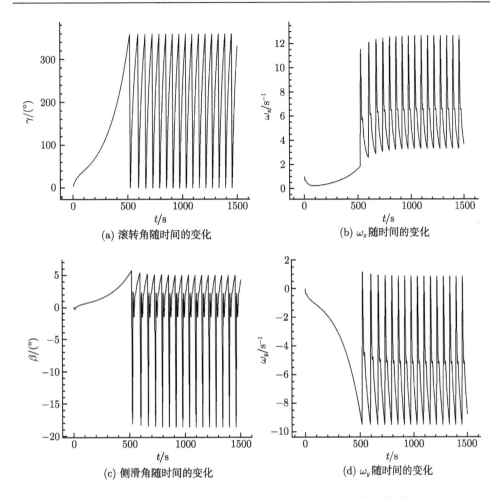

图 6-2 $m_x^\beta = -0.13, m_y^\beta = -0.14, \varepsilon_x = -0.1$ 时运动稳定的发展历程

$S_1 = 0.3 > 0$，$S_2 = 0.16 > 0$，$S_3 = 4.64 \times 10^{-3} > 0$，$S_4 = -2.8 \times 10^{-5} < 0$

件下给出的解是不稳定的。李雅普诺夫的结果，正好计算如图 6-3 所示，它是不稳定的。

(4) 给定 $S_1 = -0.1 < 0$，$S_2 = 0.08 > 0$，$S_3 = 1 \times 10^{-3} > 0$，$S_4 = 1.12 \times 10^{-4} > 0$。根据根与系数的关系，$S_1 < 0$，必有 $\lambda_1 + \lambda_2 + 2\alpha > 0$。这样 $\lambda_1 + \lambda_2$ 与 α 不能同时小于零，因此是不稳定的。李雅普诺夫方法也说明解是不稳定的，见图 6-4。

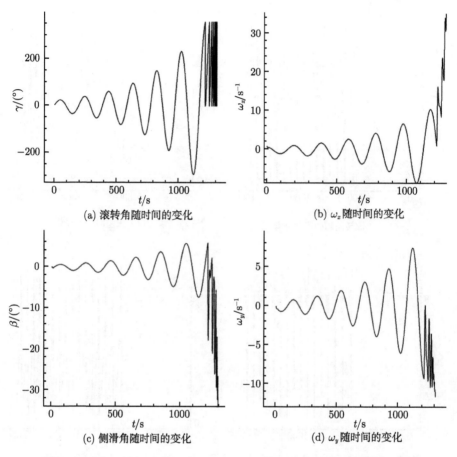

(a) 滚转角随时间的变化

(b) ω_x 随时间的变化

(c) 侧滑角随时间的变化

(d) ω_y 随时间的变化

图 6-3　$m_x^\beta = -0.2, m_y^\beta = -0.14, \varepsilon_x = -0.1$ 时运动稳定的发展历程

$S_1 = 0.3 > 0,\ S_2 = 0.16 > 0,\ S_3 = -4 \times 10^{-4} < 0,\ S_4 = 1.68 \times 10^{-4} > 0$

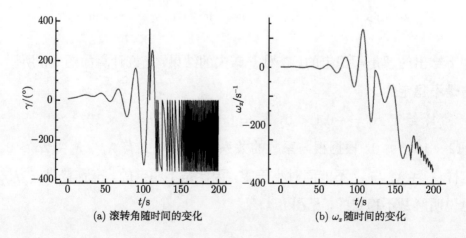

(a) 滚转角随时间的变化

(b) ω_x 随时间的变化

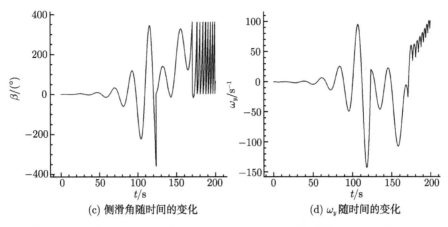

(c) 侧滑角随时间的变化   (d) ω_y 随时间的变化

图 6-4 $m_x^\beta = -0.18, m_y^\beta = -0.14, \varepsilon_x = 0.3$ 时运动稳定的发展历程

$$S_1 = -0.1 < 0,\ S_2 = 0.08 > 0,\ S_3 = 1 \times 10^{-3} > 0,\ S_4 = 1.12 \times 10^{-4} > 0$$

两种判则比较后，可以看出李雅普诺夫判则给出的图更精细些。

参 考 文 献

[1] 高金源, 李陆豫, 冯亚昌. 飞机飞行品质. 北京：国防工业出版社, 2003.

[2] 张鲁民. 载人飞船返回舱空气动力学. 北京：国防工业出版社, 2002.

[3] 刘秉正. 非线性动力学与混沌基础. 长春：东北师范大学出版社, 1994.

[4] 张伟, 杨绍普, 徐鉴, 等. 非线性系统的周期振动和分岔. 北京：科学出版社, 2002.

[5] 钱伟长. 应用数学. 合肥：安徽科学技术出版社, 1993.

[6] 丑纪范, 刘式达, 刘式适. 非线性动力学. 北京：气象出版社, 1994.

第7章 飞行器单自由度俯仰或摇滚的动稳定性研究

7.1 引 言

飞行器飞行过程中，其飞行性能受流动参数马赫数 (Ma)、雷诺数 (Re)、攻角 (α) 等控制，当其中某一个参数变化时，其飞行状态和周围的流场都要随之变化。因为 N-S 方程是一耗散系统，其飞行性能的动态变化，可出现点吸引子、周期吸引子、准周期吸引子及混沌吸引子 [1]。

上述现象，已经从飞行试验和风洞试验中得到证实。例如，日本轨道再入试验 (OREX) 飞船，在再入阶段，$Ma > 2.2$ 时，是俯仰动稳定的 [2]，即点吸引子状态；当 $Ma \leqslant 2.2$ 时，飞行试验和风洞试验都发现飞船出现周期振荡，即出现 Hopf 分叉；俄罗斯联盟号飞船返回舱，当无稳定翼时，下面的分析将指出再入过程中超声速阶段是俯仰阻尼振荡稳定的，当到达某跨声速 Ma 时，出现鞍、结点分叉，Ma 再低，其相图出现结点—鞍点—结点形态。为了避免这种不利的动力学行为，在实际的飞船返回舱中，添加了稳定翼 [3]。

早在 50 多年前，很多研究者已经利用自由飞行和风洞、水洞试验研究后掠三角翼随攻角变化而出现的摇滚现象，正如 Ericsson[4] 所指出的，当后掠角 $\Lambda > 72°$ 时，机翼在攻角大于某一临界攻角下，出现 Hopf 分叉，产生自激周期摇滚振荡；当攻角小于临界攻角时，滚转是动稳定的，最后恢复到平衡状态。Arena[5] 利用气浮轴承在风洞中做了 $\Lambda = 80°$ 的后掠三角翼的试验，发现自激滚转运动的临界攻角为 $\alpha = 22°$。Pelletier

和 Nelson[6] 研究了 80°/65° 双三角翼滚动的动力学行为, 他们发现, 小攻角时, 为阻尼的动力学稳定滚动; 大攻角时, 出现准周期的自激摇滚现象, 即产生准周期的极限环, 进一步出现混沌振荡; 攻角再大, 又恢复到动稳定状态。

本章从飞行力学/N-S 耦合方程出发, 利用非线性动力学理论 [1], 研究了飞船随 Ma 变化而引起的俯仰振荡和三角翼、双三角翼随攻角变化而引起的摇滚振荡, 给出了描述上述动力学过程的稳定性理论、失稳条件、出现 Hopf 分叉、鞍、结点分叉的条件以及可能出现混沌的现象。为了验证理论, 和上面的试验进行了对比, 还做了若干可对比的数值模拟。比较证明, 理论、试验及计算结果是彼此一致的。

7.2 理 论 分 析

现在来研究因参数 Ma 的变化而引起的飞船俯仰动态振荡的行为, 对于后掠翼随攻角变化而引起的摇滚振荡亦可做相似的分析。

7.2.1 飞船返回舱作俯仰振荡的数学描述

设 $F(\xi, \eta, \zeta) = 0$ 为飞船的外形 (图 7-1), 其中 (ξ, η, ζ) 为体轴正交坐标系, ξ 沿着体轴, ξ, η 两轴构成俯仰平面。再设 (x, y, z) 为正交惯性坐标系, 其中 x 轴沿着来流方向, 两个坐标系的原点皆置于重心 CG 处。当飞船作俯仰振荡时, 两坐标系的关系是

$$\xi = x \cos \alpha - y \sin \alpha$$
$$\eta = x \sin \alpha + y \cos \alpha$$
$$\zeta = z$$

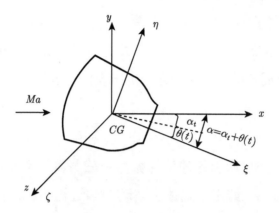

图 7-1　坐标系统

式中，$\alpha = \alpha_t + \theta(t)$；$\alpha_t$ 为平衡攻角；$\theta(t)$ 为由平衡攻角算起的俯仰振荡角。描述飞船返回舱俯仰振荡运动和非定常动态绕流以及所受俯仰力矩的耦合方程为

$$I \cdot \ddot{\theta} = C_m + C_\mu \cdot \dot{\theta} \tag{7-1}$$

$$\frac{\partial U}{\partial t} + \frac{\partial E}{\partial x} + \frac{\partial F}{\partial y} + \frac{\partial G}{\partial z} = \frac{\partial E_v}{\partial x} + \frac{\partial F_v}{\partial y} + \frac{\partial G_v}{\partial z} \tag{7-2}$$

$$C_m \boldsymbol{k} = \iint_{\text{wall}} \boldsymbol{r}_b \times \left[(-p_n \boldsymbol{n} + \sigma \boldsymbol{\tau}) \right] \mathrm{d}S \tag{7-3}$$

方程 (7-1) 描述飞船返回舱绕重心的单自由度俯仰运动，I 表示无量纲的转动惯量，该方程包括气动俯仰力矩系数 C_m 和机械阻尼力矩系数 C_μ，在自由飞行情况下，$C_\mu = 0$，在风洞试验中，应该计及它的贡献。$\dot{\theta}, \ddot{\theta}$ 为 θ 对时间的一阶和二阶导数；方程 (7-2) 为非定常 N-S 方程，其符号的意义及无量纲量的定义见文献 [8]；方程 (7-3) 为俯仰力矩系数的积分表达式，其中 $\boldsymbol{r}_b$ 为物体表面的点到重心的向径，$\boldsymbol{k}$ 为 z 轴方向的单位向量，$\boldsymbol{n}, \boldsymbol{\tau}$ 分别为物面法向和切向单位向量，p_n, σ 为物体表面上气体的法向和切向应力。

1. 动态俯仰力矩依赖状态变量的确定

数值求解非定常 N-S 方程 (7-2)，必须给出飞船返回舱的来流边界条件和运动壁面的条件。无穷远处的无量纲化后的边界条件为

$$u = 1, \quad v = w = 0, \quad \rho = 1, \quad p = 1/\gamma Ma^2$$

俯仰运动壁面应满足的边界条件如下。[8]

(1) 壁面气体速度无滑移，即

$$\boldsymbol{V}_b = -\dot{\theta} \cdot \boldsymbol{k} \times \boldsymbol{r}_b \tag{7-4}$$

这里 $\dot{\theta} = \dfrac{\mathrm{d}\theta}{\mathrm{d}t}$。

(2) 壁面气体压力由法向动量方程决定

$$\left.\frac{\partial p}{\partial n}\right|_{\text{wall}} = -\rho_b \boldsymbol{n}_b \cdot \boldsymbol{a}_b \tag{7-5}$$

上式中壁面加速度

$$\boldsymbol{a}_b = \dot{\boldsymbol{V}}_b = \dot{u}_b \boldsymbol{i} + \dot{v}_b \boldsymbol{j} + \dot{w}_b \boldsymbol{k}$$

这里，式 (7-5) 包含 $\dot{\theta} = \dfrac{\mathrm{d}\theta}{\mathrm{d}t}, \ddot{\theta} = \dfrac{\mathrm{d}^2\theta}{\mathrm{d}t^2}$。

(3) 壁面气体密度由状态方程计算

$$\rho_b = \gamma Ma^2 \cdot p_b/T_{\text{wall}}$$

壁面气体温度由等温壁或绝热壁条件决定，即上式中 T_{wall} 给定 (等温壁) 或根据 $\left.\dfrac{\partial T}{\partial n}\right|_{\text{wall}} = 0$(绝热壁) 计算。

初始条件可给为某攻角下的定态解，它是不依赖于时间的。

由非定常 N-S 方程 (7-2)、飞船返回舱的运动壁面和来流边界条件以及初始条件，可以得出流场物理量的依赖参数为

$$p, \rho, u, v, w \| \theta, \dot{\theta}, \ddot{\theta}, x, y, z, Ma, Re, T_\infty, T_{\text{wall}}, \alpha_t, \gamma, Pr \tag{7-6}$$

在给定飞船返回舱的外形并假定只作刚性运动，并给定来流条件和气体常数时，利用式 (7-3) 和式 (7-6) 积分，就可以得出动态俯仰力矩系数的依赖参数，即

$$C_m = C_m(\theta, \dot{\theta}, \ddot{\theta}, Ma, \alpha_t) \tag{7-7}$$

这里 $Re, T_\infty, T_{\text{wall}}, \gamma, Pr$ 等常量没有被列出。

2. 静态俯仰力矩系数

在静态绕流情况下，$\ddot{\theta} = \dot{\theta} = \theta = 0$，力矩系数变为

$$C_m = C_m(Ma, \alpha) \tag{7-8}$$

该式表明，当 Ma 给定后，C_m 是攻角 α 的函数。作为例子，图 7-2 给出了不同 Ma 下 "联盟" 号飞船返回舱 C_m 随 α 变化的曲线 [3]。

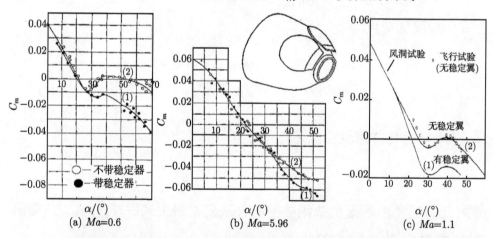

图 7-2　"联盟" 号飞船返回舱在不同马赫数下俯仰力矩系数随攻角的变化曲线

图 7-2 指出，如果联盟号飞船返回舱小头背风面上增装两片稳定翼，则飞船返回舱的力矩和攻角的特性将如图 7-2(a)、(b)、(c) 中曲线 (1) 所示。此时，从高超声速到 $Ma = 0.6$，只有一个 $C_m = 0$ 的静平衡点；当两个稳定翼不存在时，高马赫数下，仍有一个平衡点；但 $Ma = 1.1$，力

矩特性的曲线将出现两个平衡点 α_1、α_2'; $Ma = 0.6$ 时，出现三个平衡攻角 α_1, α_2 和 α_3，见图 7-2(a)、(b)、(c) 中曲线 (2)。这种情况表明，在分析飞船返回舱俯仰动态特性时，我们应当区别存在一个平衡点、两个平衡点和三个平衡点的情况。

7.2.2 飞船返回舱作俯仰振荡运动的定性理论分析

为了书写方便，将方程 (7-1) 中的无量纲的转动惯量 I 吸收到 C_m 和 C_μ 中，且吸收后的力矩系数和阻尼系数仍用 C_m 和 C_μ 表示，将式 (7-8) 代入方程 (7-1) 给出

$$\ddot{\theta} = C_m(\theta, \dot{\theta}, \ddot{\theta}) + C_\mu(\theta, \dot{\theta}) \cdot \dot{\theta} \tag{7-9}$$

这里为书写简单，没有写出 Ma 和 α_t。

1. 构造飞船返回舱俯仰运动的动力系统

将气动俯仰力矩系数在平衡攻角处 (下标用 "0" 表示) 进行 Taylor 展开，可得

$$\begin{aligned} C_m(\theta, \dot{\theta}, \ddot{\theta}) =& (C_m)_0 + \left(\frac{\partial C_m}{\partial \theta}\right)_0 \cdot \theta \\ &+ \left(\frac{\partial C_m}{\partial \dot{\theta}}\right)_0 \cdot \dot{\theta} + \left(\frac{\partial C_m}{\partial \ddot{\theta}}\right)_0 \cdot \ddot{\theta} + G(\theta, \dot{\theta}, \ddot{\theta}) \end{aligned} \tag{7-10}$$

这里，非线性项 $G(\theta, \dot{\theta}, \ddot{\theta})$ 是 θ、$\dot{\theta}$ 和 $\ddot{\theta}$ 的高阶项，我们假定当 $(\theta^2, \dot{\theta}^2, \ddot{\theta}^2)^{1/2} \to 0$ 时，非线性项 $G(\theta, \dot{\theta}, \ddot{\theta})$ 比 $(\theta^2, \dot{\theta}^2, \ddot{\theta}^2)^{1/2}$ 更高阶的趋于 0; 在平衡攻角处，$(C_m)_0 = 0$。将式 (7-10) 代入式 (7-9)，即得

$$\left[1 - \left(\frac{\partial C_m}{\partial \ddot{\theta}}\right)_0\right] \cdot \ddot{\theta} = \left(\frac{\partial C_m}{\partial \theta}\right)_0 \cdot \theta + \left[\left(\frac{\partial C_m}{\partial \dot{\theta}}\right)_0 + C_\mu(0,0)\right] \cdot \dot{\theta} + G(\theta, \dot{\theta}, \ddot{\theta})$$

令 $x = \dot{\theta}$, $y = \theta$, 就得到

$$\begin{cases} \dot{x} = a \cdot x + b \cdot y + g \\ \dot{y} = c \cdot x + d \cdot y \end{cases} \tag{7-11}$$

在式 (7-11) 中各符号的定义如下

$$g = \frac{G(\theta, \dot{\theta}, \ddot{\theta})}{1 - \left(\dfrac{\partial C_m}{\partial \ddot{\theta}}\right)_0}$$

$$a = \left[\left(\frac{\partial C_m}{\partial \dot{\theta}}\right)_0 + C_\mu(0,0)\right] \bigg/ \left[1 - \left(\frac{\partial C_m}{\partial \ddot{\theta}}\right)_0\right]$$

$$b = \left(\frac{\partial C_m}{\partial \theta}\right)_0 \bigg/ \left[1 - \left(\frac{\partial C_m}{\partial \ddot{\theta}}\right)_0\right]$$

$$c = 1$$

$$d = 0$$

式中，g, a, b 均是 Ma 的函数。

至此，方程 (7-11) 就成为描述飞船返回舱俯仰运动的非线性动力系统。

2. 具有一个平衡点 $\left(\left(\dfrac{\partial C_m}{\partial \theta}\right)_0 < 0\right)$ 的动力系统的定性分析 [1]

对于非线性系统 (7-11)，根据动力学的方法 [7,9]，动稳定性条件可写成

$$\begin{cases} \lambda(Ma) = \dfrac{\left(\dfrac{\partial C_m}{\partial \ddot{\theta}}\right)_0 + C_\mu(0,0)}{1 - \left(\dfrac{\partial C_m}{\partial \ddot{\theta}}\right)_0} < 0 \\[4mm] \delta(Ma) = \dfrac{\left(\dfrac{\partial C_m}{\partial \theta}\right)_0}{1 - \left(\dfrac{\partial C_m}{\partial \ddot{\theta}}\right)_0} < 0 \end{cases} \tag{7-12a}$$

有时式 (7-12a) 第二个条件亦可写成

$$\Delta(Ma) = \lambda^2 + 4\frac{\left(\dfrac{\partial C_m}{\partial \theta}\right)_0}{1 - \left(\dfrac{\partial C_m}{\partial \ddot{\theta}}\right)_0} < 0 \tag{7-12b}$$

这个条件是更严厉的, 它要求稳定运动的相图具有螺旋点形态。如果式 (7-11) 不满足, 就是动不稳定的。图 7-3 和图 7-4 给出了动平衡和不平衡的状态。

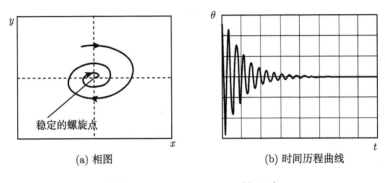

(a) 相图   (b) 时间历程曲线

图 7-3 $\lambda < 0$, $\Delta < 0$ 的形态

此外, 非线性动力系统 (7-11) 的一次近似系统的雅可比矩阵的特征值为不相等的两复根: $\omega_{1,2} = \dfrac{\lambda}{2} \pm \mathrm{i}\sqrt{\left| \left(\dfrac{\lambda}{2} \right)^2 + b \right|}$。即在 $\lambda = \lambda_{\mathrm{cr}} = 0$ 时, 满足

(1) 特征值的实部: $\mathrm{Re}[\omega_1(\lambda_{\mathrm{cr}}), \omega_2(\lambda_{\mathrm{cr}})] = 0$;

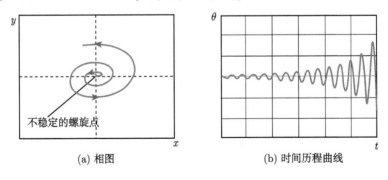

(a) 相图   (b) 时间历程曲线

图 7-4 $\lambda > 0$, $\Delta < 0$ 的形态

(2) 特征值的虚部: $\mathrm{Im}[\omega_1(\lambda_{\mathrm{cr}}), \omega_2(\lambda_{\mathrm{cr}})] \neq 0$;

(3) $\left. \dfrac{\mathrm{dRe}[\omega_1(\lambda_{\mathrm{cr}}), \omega_2(\lambda_{\mathrm{cr}})]}{\mathrm{d}\lambda} \right|_{\lambda = \lambda_{\mathrm{cr}} = 0} = \dfrac{1}{2} \neq 0$。

　　于是，在 $\lambda = \lambda_{\mathrm{cr}} = 0$ 时，系统的特征值满足 Hopf 分叉的三个条件 [7,9]，其中第三个条件称为 Hopf 分叉的横截条件 (transversality condition)。即当 λ 由 $\lambda < 0$ 经 $\lambda = 0$ 变化到 $\lambda > 0$ 时，非线性动力系统 (7-11) 将发生 Hopf 分叉，在 xOy 相平面上，出现稳定的极限环 (图 7-5(a))。俯仰振荡角的时间历程曲线出现周期振荡 (图 7-5(b))。

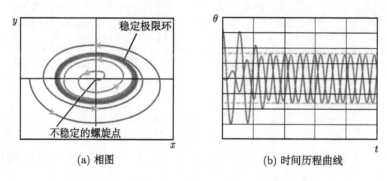

(a) 相图　　　　　　　　　　(b) 时间历程曲线

图 7-5　λ 由 $\lambda < 0$ 经 $\lambda = 0$ 变化到 $\lambda > 0$ 的形态 (后附彩图)

　　这里，我们理论上就获得 Hopf 分叉即产生极限环的临界条件

$$\lambda_{\mathrm{cr}}(Ma_{\mathrm{cr}}) = \left[\left(\frac{\partial C_m}{\partial \dot{\theta}} \right)_0 + C_\mu(0,0) \right] \bigg/ \left[1 - \left(\frac{\partial C_m}{\partial \ddot{\theta}} \right)_0 \right] = 0$$

由此可决定出现 Hopf 分叉的临界马赫数 Ma_{cr}。

　　3. $Ma = Ma'_{\mathrm{cr}}$ 力矩曲线有两个平衡点时，动力系统的定性分析

　　当马赫数由高降低到某临界值 Ma'_{cr} 时，力矩曲线由一个平衡点变为具有 α_1, α'_2 两个平衡点，即当 $Ma < Ma'_{\mathrm{cr}}$ 的三个平衡点的 α_2 和 α_3 合并成一个 α'_2，力矩曲线在此点与 α 轴相切 (图 7-2(c) 曲线 (2))。对于这种临界情况，可以证明 [7,9]，方程 (7-11) 的线性部分的矩阵特征值 $\omega_{1,2}$ 有一个 (如 ω_1) 具有如下性质：

　　(1) 实部 $\mathrm{Re}\,\omega_1 = 0$；

　　(2) 虚部 $\mathrm{Im}\,\omega_1 = 0$；

(3) 随 Ma 增加趋于 Ma'_{cr}，ω_1 沿实轴正、负皆趋近零。即出现动不稳定和鞍、结点分叉。

4. 当 $Ma < Ma'_{\mathrm{cr}}$ 时，三个平衡攻角附近的相图及运动形态

根据上面的分析，当 $C_\mu=0$ 时，方程 (7-11) 在平衡点 $\alpha_1,\alpha_2,\alpha_3$ 处，因 $\left(\dfrac{\partial C_m}{\partial \theta}\right)_0$ 分别 < 0、> 0 和 < 0，所以 α_1,α_3 处为结点，α_2 处为鞍点。其中 α 和 $\dot{\alpha}$ 的相图形状依 $\left(\dfrac{\partial C_m}{\partial \dot{\theta}}\right)_0$ 的不同而定。例如，当 α_1 处 $\left(\dfrac{\partial C_m}{\partial \dot{\theta}}\right)_0 < 0$ 或 $\Delta < 0$ 和 α_3 处 $\left(\dfrac{\partial C_m}{\partial \dot{\theta}}\right)_0 < 0$ 或 $\Delta < 0$ 时，α_1,α_3 处分别为稳定的结点*，其相图如图 7-6 所示。此图表明，存在两个吸引子 α_1 和 α_3，或称两个吸引盆。对于 α_1，只在扰动偏离 α_1 很小时，才能恢复到 α_1，一旦扰动不很小，有可能被吸引到 α_3，这是不希望发生的。

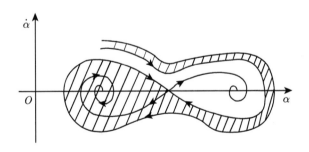

图 7-6 α_1,α_3 处 Δ 分别小于零时的相图结构

在 α_1 处，若在某一马赫数 Ma''_{cr} 下，此处的 $\lambda(Ma''_{\mathrm{cr}}) = 0$ 或 > 0，其附近可能出现极限环，降低 Ma，极限环增大，α_1 处为不稳定螺旋点。当 $Ma = Ma'''_{\mathrm{cr}}$ 时，极限环通过 α_2 点，此时通过同宿轨道演变为混沌状态 (图 7-7)。同样，在 α_3 处，也可能存在如图 7-8 所示的情况。

---

*这里结点是广义的，包括螺旋点、临界结点、退化结点和结点。图中只画了螺旋点的情况。

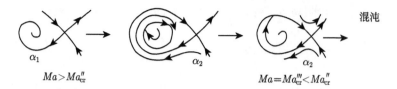

图 7-7　α_1 处稳定结点的演化

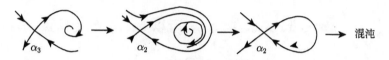

图 7-8　α_3 处稳定结点的演化

7.2.3　后掠三角翼、双三角翼滚转动力行为的分析

利用同样的方法，我们可以给出机翼单自由度滚动的动力学方程和滚动力矩的表达式：

$$\ddot{\varphi} = C_l(\varphi, \varphi, \varphi, \ddot{\alpha}, \varphi_t) + C_\mu(\varphi, \dot{\varphi}, \ddot{\varphi}, \alpha, \varphi_t)\dot{\varphi} \qquad (7\text{-}9')$$

$$C_l = C_l \qquad (7\text{-}7')$$

式中，$Ma, Re, T_\infty, T_{\text{wall}}, \gamma, Pr$ 等参数没有被写出；φ_t 是滚动平衡角；α 是攻角；$\dot{\varphi}, \ddot{\varphi}$ 是滚转角 φ 对时间的一阶导数和二阶导数。比较式 (7-9) 和式 (7-9′) 及式 (7-7) 和式 (7-7′)，相当于把式 (7-9) 和式 (7-7) 中的 θ 换成 φ，α_t 换成 φ_t，Ma 换成 α。与前面研究俯仰运动中随 Ma 的演化一样，这里完全可用同样方法研究滚动运动随攻角 α 的演化。因为实验指出，在大后掠三角翼情况下，滚转力矩曲线常具有一个平衡点，且这里 $\left(\dfrac{\partial C_l}{\partial \varphi}\right)_0 < 0$，而在双三角翼或后掠角不大的三角翼的情况下，小攻角时有一个滚转平衡点，大攻角下，存在两个或三个平衡点，因此，上面给出的关于俯仰随 Ma 减小而产生的动力学行为的结论，对于滚转随攻角增大的演化，完全成立，即

(1) 可以给出随攻角变化, 滚转平衡点附近, 动态稳定、动态不平衡的条件;

(2) 可以给出滚转随攻角变化而出现 Hopf 分叉, 即出现摇滚极限环的临界攻角 ($\alpha = \alpha_{\mathrm{cr}}$);

(3) 可以给出有两个静滚动平衡点时, 出现鞍、结点分叉的条件 ($\alpha = \alpha'_{\mathrm{cr}}$);

(4) 式 (7-4) 可以给出当出现三个静滚动平衡点时, 出现相图为结点—鞍点—结点的结构, 可以出现两个吸引子 (吸引盆), 进一步出现混沌 ($\alpha = \alpha^*_{\mathrm{cr}}$)。

7.3 理论的验证

7.3.1 与已有实验结果 (日本的轨道再入试验飞船、三角翼摇滚实验) 的对比

1. 与日本的轨道再入试验飞船的比较

对日本的轨道再入试验飞船, 我们用强迫振动法求出了在平衡攻角处的静、动态气动稳定性参数 $\left(\dfrac{\partial C_m}{\partial \theta}\right)_0$、$\left(\dfrac{\partial C_m}{\partial \dot{\theta}}\right)_0$ 和 $\left(\dfrac{\partial C_m}{\partial \ddot{\theta}}\right)_0$ 随 Ma 的变化。

图 7-9、图 7-10 给出 $\Delta(Ma), \lambda(Ma)$ 随 Ma 的变化曲线, 可以看出, $\Delta < 0$, 在 $Ma \approx 2.2$ 时, $\lambda = \lambda_{\mathrm{cr}} = 0$, 根据上面的分析, 此时非线性动力系统要出现 Hopf 分叉, 产生极限环。

图 7-11 给出了日本轨道再入试验飞船的试验结果, 如果将数据外插, 可以看出, 大约在 $Ma = 2.2$ 时, 出现极限环。理论和试验是一致的。

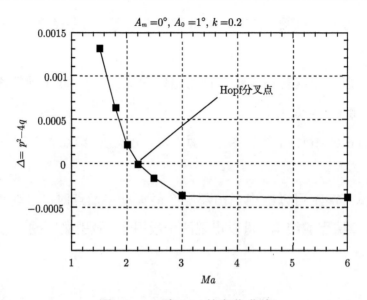

图 7-9　Δ 随 Ma 的变化曲线

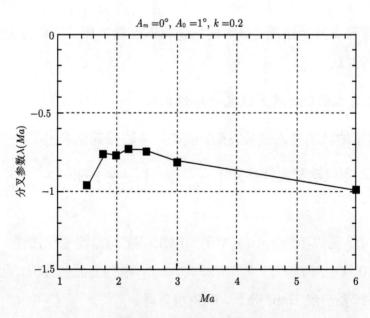

图 7-10　Hopf 分叉参数

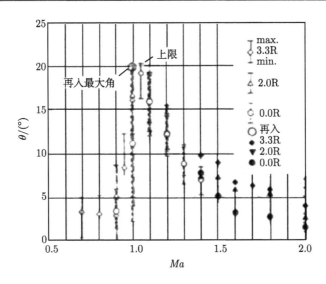

图 7-11　文献 [2] 的试验结果

2. 与三角翼摇滚实验的比较

Arena 利用气浮轴承在风洞中作了 $\Lambda = 80°$ 后掠三角翼的试验。他得到摇滚的自激周期振荡的起始攻角为 $22°$。按着我们的理论，利用强迫振荡理论可以给出各种攻角的 $\left(\dfrac{\partial C_l}{\partial \dot{\varphi}}\right)_0$。当 $\left(\dfrac{\partial C_l}{\partial \dot{\varphi}}\right)_0 = 0$ 时，即出现 Hopf 分叉，产生摇滚振荡极限环。表 7-1 给出了 $\left(\dfrac{\partial C_l}{\partial \dot{\varphi}}\right)_0$ 随攻角的变化。

由表可以看出，大约 $\alpha = 22°$ 时，$\left(\dfrac{\partial C_l}{\partial \dot{\varphi}}\right)_0$ 近似为零，即理论预测的周期摇滚起始角和实验一致。

表 7-1　阻尼导数随攻角的变化

攻角 α	10°	22°	30°
$\left(\dfrac{\partial C_l}{\partial \dot{\varphi}}\right)_0 \times 10^3$	-3.67	-1.39×10^{-2}	2.77

7.3.2　与数值模拟结果 (日本轨道再入试验飞船、类联盟号飞船、后掠三角翼) 的对比

Pelletier 和 Nelson 在低速风洞中, 利用气浮轴承对 80°/65° 双三角翼进行试验, 在 60° 滚转角范围内, 他们给出了静态滚转力矩的试验结果, 这个实验引用在图 7-12 中, 由图可以看出, 小攻角只有一个平衡点; 攻角增加, 出现多个平衡滚转角; 攻角再大, 又出现一个平衡滚转角。按照我们的理论, 攻角小时, 它是动稳定的。进一步增大攻角, 相应要出现 Hopf 分叉, 产生周期振荡; 以后又出现鞍、结点分叉, 形成具有两个吸引子的全局结构; 再后, 出现混沌。攻角再大, 又会出现周期振荡和变成动稳定状态。这和图 7-13 Pelletier 和 Nelson 的试验结果趋势一致。

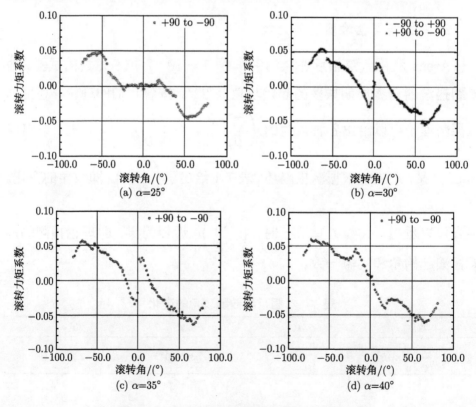

图 7-12　滚转力矩系数随滚转角的变化 [6]

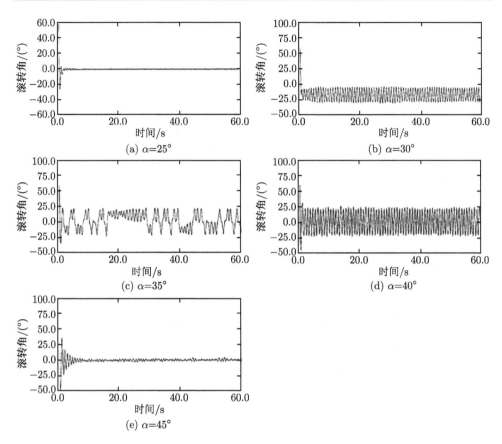

图 7-13 初始为 $\varphi = 60°$ 时，滚动发展的历程 [6]

利用飞行力学与 N-S 的耦合方程，俯仰和摇滚的自由振荡和发展过程被模拟。根据飞行的初始姿态，N-S 方程首先被求解，力矩系数 (C_m 或 C_l) 被求出，然后求解飞行力学方程，新的运动姿态被求出，于是再按照相同的步骤求解下一时刻的运动。因为物体在求解过程中是运动的，动网格技术被利用。N-S 方程的内点计算，飞船绕流采用本文作者发展的时间空间均为二阶精度的隐式混合通量的无波动、无自由参数的差分格式 (NND 格式)[8]，摇滚计算采用时间二阶、空间三阶加权的 NND 格式 [10]，飞行力学方程计算采用隐式二阶精度的三点背插计算格式，边界计算采用特征控制方程 [11]。以下给出三个例子的模拟结果。

1. 日本轨道再入试验飞船绕流 [8]

图 7-14 是采用的计算网格，设流动为层流状态，$Re = 10^6$。图 7-15(a) 是 $Ma = 6$ 起始俯仰振荡振幅为 5° 的计算历程，可见俯仰振荡是动稳定的。图 7-15(b) 是振荡达到稳态时的流场。$Ma > 2.2$ 的计算结果与 $Ma = 6$ 的结果相似，只是振荡衰减的时间长些。图 7-16 是 $Ma = 2.2$ 的计算结果。由图 7-16(a) 可以看出，不论初始振幅扰动角为 3° 或 5°，随时间增长均得到等幅俯仰振荡，即出现 Hopf 分叉和产生极限环。根据计算

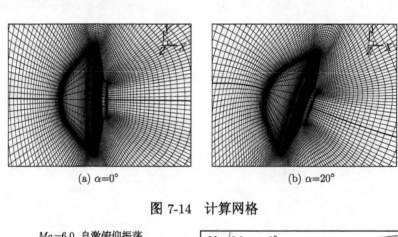

(a) $\alpha = 0°$　　　　　　　(b) $\alpha = 20°$

图 7-14　计算网格

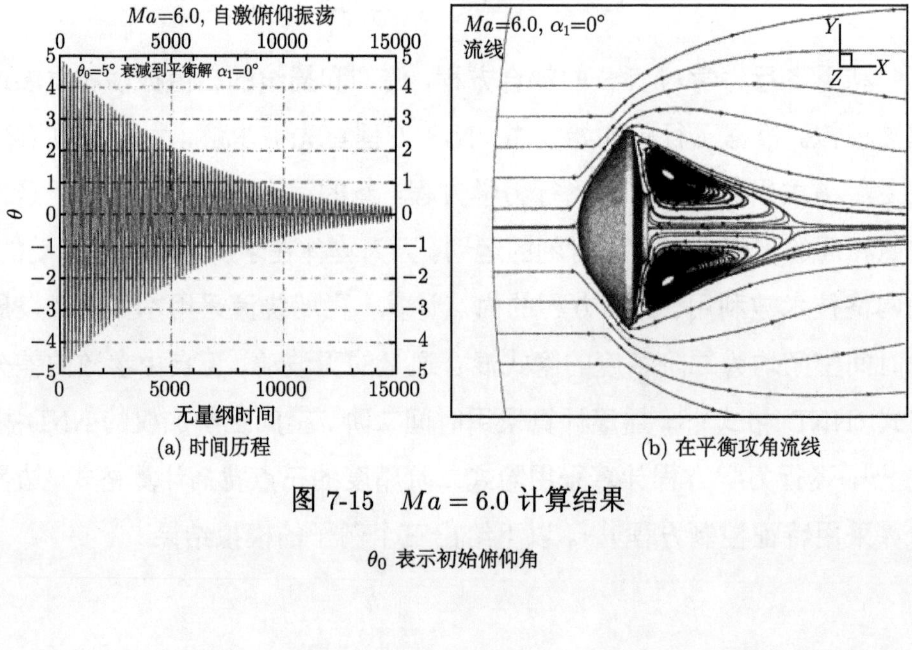

(a) 时间历程　　　　　　　(b) 在平衡攻角流线

图 7-15　$Ma = 6.0$ 计算结果

θ_0 表示初始俯仰角

力矩 C_m，用参数辨识方法可求得 $\left(\dfrac{\partial C_m}{\partial \theta}\right)_0$、$\left(\dfrac{\partial C_m}{\partial \dot{\theta}}\right)_0$ 及 $\left(\dfrac{\partial C_m}{\partial \ddot{\theta}}\right)_0$，进一步可计算 λ 和 Δ。当 $Ma = 2.2$ 时，恰好 $\lambda = 0$，与理论给出的 Hopf 分叉条件一致。图 7-16(b)、(c)、(d) 给出了 $Ma = 2.2$ 时相应的流场，可以看出，此时流场也作周期变化。我们对 $Ma = 2$ 也作了计算，可得到更大的极限环及流场和 C_m 的变化规律。

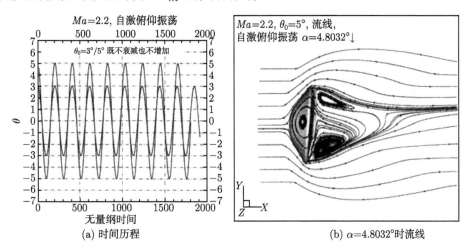

(a) 时间历程 (b) $\alpha=4.8032°$时流线

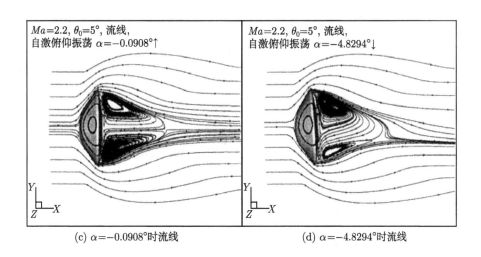

(c) $\alpha=-0.0908°$时流线 (d) $\alpha=-4.8294°$时流线

图 7-16 $Ma = 2.2$ 计算结果

θ_0 表示初始俯仰角

2. 类联盟号飞船绕流[8]

这种绕流的外形与联盟号类似,但尺寸和局部细节不同。假定 $Re_\infty =$ 10^6,流动为湍流,采用 B-L(Baldwin-Lomax) 模式,计算给出,大约 $Ma = 1.40$ 时,力矩系数有两个平衡攻角,按照我们的理论,此时要出现鞍、结点分叉。图 7-17 给出了 $Ma = 1.1$ 时的力矩静态曲线,此时有三个平衡攻角,按照我们的理论,它的相图为结点—鞍点—结点的结构。为了证实这一点,我们作了动态自由振荡计算,图 7-18 是计算给出的动态俯仰力矩系数,图 7-19 是在各种攻角下给出的动态力矩曲线的滞后环,逆时针方向是动态稳定的,顺时针方向是不稳定的,表 7-2 是计算给出的在三个平衡攻角下的 λ 和 Δ 以及相图的结构行为,三个平衡攻角下的相图恰好为图 7-6,它存在两个吸引子,计算和理论分析一致。图 7-20 给出了我们计算得到的吸引盆结构。

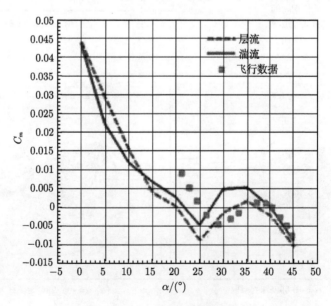

图 7-17　力矩静态曲线

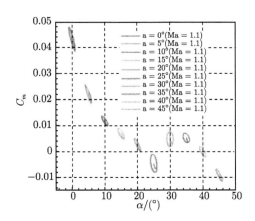

图 7-18 动态俯仰力矩系数 (后附彩图)

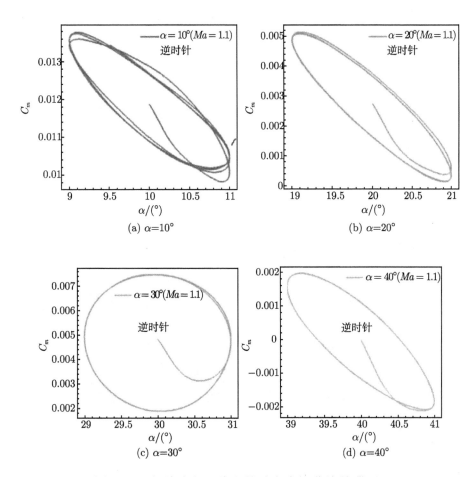

图 7-19 各种攻角下给出的动态力矩曲线的滞后环

表 7-2　在三个平衡攻角下的 λ 和 Δ 以及相图的结构行为 $(Ma = 1.1,\ Re_\infty = 10^6,$ 无稳定翼)

平衡攻角	λ	Δ	平衡攻角附近的 动力学行为
$\alpha_1 = 21.8°$	-0.3427	-0.5314	稳定结点
$\alpha_2 = 27.5°$	-0.6464	0.8565	鞍点
$\alpha_3 = 40.0°$	-0.2170	-0.3393	稳定结点

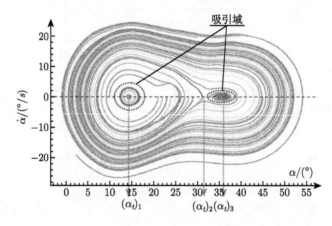

图 7-20　$Ma = 0.8,\ Re_\infty = 10^6$ 时三个平衡攻角的相图 (后附彩图)

3. 后掠三角翼的摇滚

在来流 $Ma = 0.35, Re_\infty = 2.5 \times 10^6$ 下，对后掠角 $\Lambda = 80°$ 的三角翼，攻角由小增大进行了自由滚动模拟。图 7-21 是被模拟的外形。图 7-22(a)、(b) 是 $\alpha = 10°$ 时滚动振幅的变化历程及相图，它是动态稳定的。图 7-23(a)、(b) 是 $\alpha = 22°$ 时滚动振幅的变化历程及相图，它接近 Hopf 分叉和接近极限环的状态。从自由振荡给出滚动力矩，可计算 $\left(\dfrac{\partial C_l}{\partial \varphi}\right)_0$、$\left(\dfrac{\partial C_l}{\partial \dot\varphi}\right)_0$ 及 $\left(\dfrac{\partial C_l}{\partial \ddot\varphi}\right)_0$，结果恰好表明，当 $\alpha = 22°$ 时，$\lambda = \left(\dfrac{\partial C_l}{\partial \dot\varphi}\right)_0 \Big/ \left[1 - \left(\dfrac{\partial C_l}{\partial \ddot\varphi}\right)_0\right]$ 近似为零，所以理论和数值模拟结果一致，也和上述 Arena 的实验结果一致，图 7-24(a)、(b)、(c)、(d) 是 $\alpha = 25°$ 时

计算给出的滚动振幅的变化历程及相图,升力的变化历程及滚动力矩 C_l 的滞后圈,我们再次可以看到,这种情况仍是等幅极限振荡。

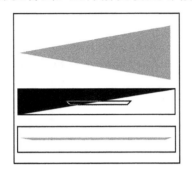

图 7-21 外形

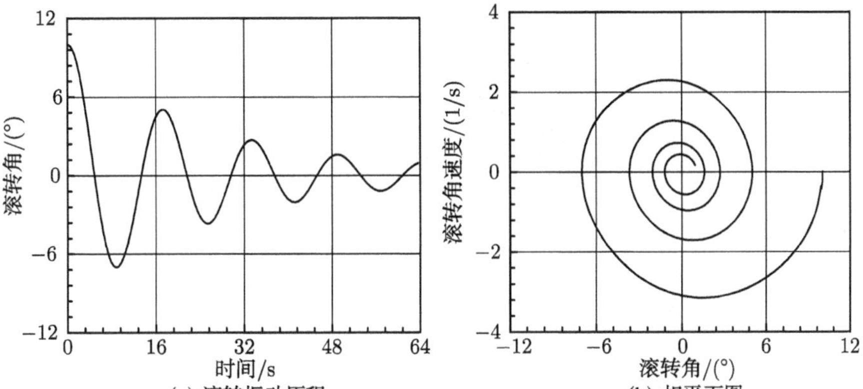

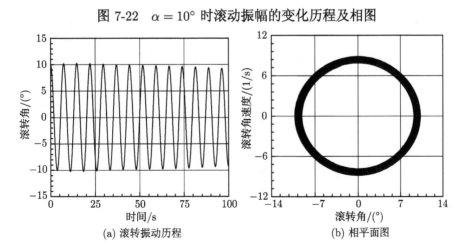

(a) 滚转振动历程   (b) 相平面图

图 7-22 $\alpha = 10°$ 时滚动振幅的变化历程及相图

(a) 滚转振动历程   (b) 相平面图

图 7-23 $\alpha = 22°$ 时滚动振幅的变化历程及相图

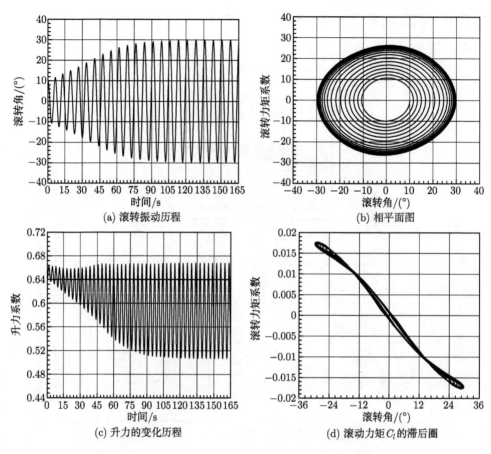

图 7-24　$\alpha = 25°$ 时滚动振幅的变化历程及相图

7.4　小　　结

利用飞行力学与 N-S 耦合方程, 借助于非线性动力学分析方法, 对飞船返回舱随 Ma 俯仰振荡和后掠三角翼随攻角 α 滚动振荡情况, 进行研究, 建立了动态演化行为的理论。该理论可以给出:

(1) 动态稳定的条件和不稳定的条件;

(2) 发生 Hopf 分叉的条件;

(3) 发生鞍、结点分叉的条件, 以及出现结点—鞍点—结点拓扑结构的条件，此时可出现双吸引子，进一步可出现混沌。

理论与若干实验结果进行了比较，也与我们发展的数值模拟结果进行了比较，基本上是一致的。

参 考 文 献

[1] 龙运佳. 混沌振动研究: 方法与实践. 北京: 清华大学出版社，1997.

[2] Yoshinege T, Tate A, Watanabe M, et al. Orbital re-entry experiment vehicle ground and flight dynamic test results comparison. Journal of Spacecraft and Rocket, 1996, 33(5): 635-642.

[3] 赵梦熊. 载人飞船返回舱的动稳定性. 气动实验与测量控制，1995, 9(2): 1-8.

[4] Ericsson L E. Wing rock analysis of slender delta wings, review and extension. Journal of Aircraft, 1995, 32(6): 1221-1226.

[5] Arena A S, Nelson R C, Schiff L B. An experimental study of the nonlinear dynamic phenomenon known as wing rock. AIAA, 1990: 90-2812.

[6] Pelletier A, Nelson R C. Dynamic behavior of an $80°/65°$ double-delta wing in roll. AIAA, 1998: 98-4353.

[7] 张锦炎. 常微分方程几何理论与分支问题. 北京: 北京大学出版社，1981.

[8] 袁先旭. 非定常流动数值模拟及飞行器动态特性分析研究. 绵阳: 中国空气动力研究与发展中心，2002.

[9] 刘延柱, 陈立群. 非线性动力学. 上海: 上海交通大学出版社，2000.

[10] 刘伟. 细长机翼摇滚机理的非线性动力学分析及数值模拟方法研究. 长沙: 国防科技大学，2004.

[11] Zhang H X, Li Q, Zhang L P. On problems to develop physical analysis in CFD. CFD Journal, 2002, 10: 4.

第8章　飞行器多自由度动力学方程及流动方程的分析耦合数值模拟

8.1　关于飞行动力学方程

一般飞行情况飞行姿态的表达：定义惯性坐标系 (大地坐标系) 为 $(\boldsymbol{x}_d, \boldsymbol{y}_d, \boldsymbol{z}_d)$。定义体轴坐标系为 $(\boldsymbol{x}_t, \boldsymbol{y}_t, \boldsymbol{z}_t)$：坐标原点取在飞机质心上，$\boldsymbol{x}_t$ 轴为飞机主轴指向机头，$\boldsymbol{y}_t$ 轴在飞机主对称面上指向上表面，$\boldsymbol{z}_t$ 轴满足右手系准则 $\boldsymbol{z}_t = \boldsymbol{x}_t \times \boldsymbol{y}_t$，如图 8-1 所示。

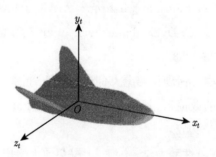

图 8-1　体轴坐标系 (后附彩图)

8.1.1　姿态角 (ψ, θ, γ)

飞行的飞机具有 6 个自由度，其中 3 个表示飞机质心的空间位置，可以用质心的空间坐标表示；另外 3 个则表示飞机的空间姿态，一般用 3 个角度来表示。关于空间姿态可以采用各类欧拉角来表示，常用姿态角有：偏航角 ψ、俯仰角 θ、滚转角 γ。

大地惯性坐标系与体轴坐标系之间的姿态角定义参见图 8-2，其绕体轴转动顺序为：y_t-z_t-x_t。初始坐标架 (x_d, y_d, z_d)，最后坐标架 (x_t, y_t, z_t)。

(1) 绕 y_d 轴偏航角 ψ，$(x_d, y_d, z_d) \Rightarrow (x', y_d, z')$，对应的变换矩阵为

$$A_y(\psi) = \begin{bmatrix} \cos\psi & 0 & -\sin\psi \\ 0 & 1 & 0 \\ \sin\psi & 0 & \cos\psi \end{bmatrix} \tag{8-1}$$

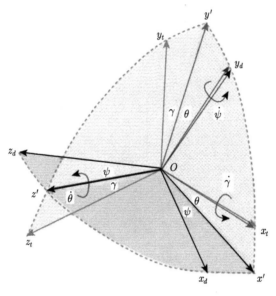

图 8-2　大地惯性坐标系与体轴坐标系之间的姿态角 (后附彩图)

(2) 绕 z' 轴俯仰角 θ，$(x', y_d, z') \Rightarrow (x_t, y', z')$，对应的变换矩阵为

$$A_z(\theta) = \begin{bmatrix} \cos\theta & \sin\theta & 0 \\ -\sin\theta & \cos\theta & 0 \\ 0 & 0 & 1 \end{bmatrix} \tag{8-2}$$

(3) 绕 x_t 轴滚转角 γ，$(x_t, y', z') \Rightarrow (x_t, y_t, z_t)$，对应的变换矩阵为

$$A_x(\gamma) = \begin{bmatrix} 1 & 0 & 0 \\ 0 & \cos\gamma & \sin\gamma \\ 0 & -\sin\gamma & \cos\gamma \end{bmatrix} \tag{8-3}$$

关于变换矩阵的说明：如在 (x_t, y', z') 系下的向量 $\boldsymbol{e}_{x_t} = (1, 0, 0)^{\mathrm{T}}$ 绕 x_t 轴滚转 γ 角，变换到 (x_t, y_t, z_t) 系的表达式为 $A_x(\gamma)\,\boldsymbol{e}_{x_t}$。

8.1.2　攻角 α，侧滑角 β

如图 8-3 所示的体轴系，对应的体轴速度分量可写成：

$$\boldsymbol{U}_t = \begin{bmatrix} (\cos\beta\cos\alpha)\,V \\ (-\cos\beta\sin\alpha)\,V \\ (\sin\beta)\,V \end{bmatrix}_t = \begin{bmatrix} v_x \\ v_y \\ v_z \end{bmatrix}_t \tag{8-4}$$

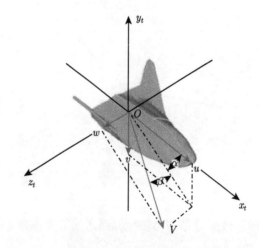

图 8-3　飞行速度在体轴系下的分解 (后附彩图)

据此，可以定义攻角 α 和侧滑角 β：

$$\begin{cases} \alpha \equiv \arctan\left(-\dfrac{v_y}{v_x}\right) \\[2mm] \beta \equiv \arcsin\left(\dfrac{v_z}{V}\right) \end{cases} \tag{8-5}$$

因此，飞机的飞行姿态可以采用两种广义欧拉角来描述。一种方法是采用**姿态角**(ψ, θ, γ)，另一种是采用**攻角、侧滑角和滚转角**(α, β, γ) 来描述。下面将给出满足这两种表达式的关系式。

8.1.3 运动学方程

设飞机在某时刻先后偏航 ψ，俯仰 θ，滚转 γ，则对应的角速度为

$$\boldsymbol{\omega} = \dot{\gamma}\boldsymbol{e}_{x_t} + \dot{\psi}\boldsymbol{e}_{y_d} + \dot{\theta}\boldsymbol{e}_{z'} \tag{8-6}$$

将上式中的 $\boldsymbol{e}_{x_t}, \boldsymbol{e}_{y_d}, \boldsymbol{e}_{z'}$ 基矢量通过坐标变换回到 (x_t, y_t, z_t) 系，

$$\begin{cases} \boldsymbol{e}_{x_t} = (1,0,0)^{\mathrm{T}}_{(x_t,y_t,z_t)} \\[2mm] \boldsymbol{e}_{y_d} = A_\gamma A_\theta (0,1,0)^{\mathrm{T}}_{(x',y_d,z')} \\[2mm] \boldsymbol{e}_{z'} = A_\gamma (0,0,1)^{\mathrm{T}}_{(x_t,y',z')} \end{cases}$$

将上式代入式 (8-6)，有

$$\boldsymbol{\omega} = \begin{bmatrix} \omega_x \\ \omega_y \\ \omega_z \end{bmatrix}_t = \begin{bmatrix} 1 & \sin\theta & 0 \\ 0 & \cos\gamma \cdot \cos\theta & \sin\gamma \\ 0 & -\sin\gamma \cdot \cos\theta & \cos\gamma \end{bmatrix} \begin{bmatrix} \dot{\gamma} \\ \dot{\psi} \\ \dot{\theta} \end{bmatrix} \tag{8-7}$$

需要指出的是上式的角速度 $\boldsymbol{\omega}$ 是体轴坐标系下的，求解上式的逆，有

$$\begin{bmatrix} \dot{\gamma} \\ \dot{\psi} \\ \dot{\theta} \end{bmatrix} = \begin{bmatrix} 1 & -\tan\theta \cdot \cos\gamma & \tan\theta \cdot \sin\gamma \\ 0 & \dfrac{\cos\gamma}{\cos\theta} & -\dfrac{\sin\gamma}{\cos\theta} \\ 0 & \sin\gamma & \cos\gamma \end{bmatrix} \begin{bmatrix} \omega_x \\ \omega_y \\ \omega_z \end{bmatrix}$$

即有采用姿态角 (γ, ψ, θ) 描述的运动学关系：

$$\begin{cases} \dfrac{\mathrm{d}\gamma}{\mathrm{d}t} = \omega_x - \tan\theta\,(\cos\gamma\omega_y - \sin\gamma\omega_z) \\[3mm] \dfrac{\mathrm{d}\psi}{\mathrm{d}t} = \dfrac{1}{\cos\theta}\,(\cos\gamma\omega_y - \sin\gamma\omega_z) \\[3mm] \dfrac{\mathrm{d}\theta}{\mathrm{d}t} = \sin\gamma\omega_y + \cos\gamma\omega_z \end{cases} \tag{8-8}$$

8.1.4 动力学方程

1. 绕定点转动动力学方程

刚体对质心 O 的动量矩 $\boldsymbol{H}_O \equiv \boldsymbol{I}_O \cdot \boldsymbol{\omega}$，其中 $\boldsymbol{I}_O$ 是对 O 点的转动惯性张量：

$$\boldsymbol{I}_O = \int\limits_V ((\boldsymbol{r} \cdot \boldsymbol{r})\,\boldsymbol{I} - \boldsymbol{r}\boldsymbol{r})\,\rho \mathrm{d}v = \begin{bmatrix} I_{xx} & -I_{xy} & -I_{xz} \\ -I_{xy} & I_{yy} & -I_{yz} \\ -I_{xz} & -I_{yz} & I_{zz} \end{bmatrix} \quad (8\text{-}9)$$

式中，$\boldsymbol{I}$ 是单位矩阵；$\boldsymbol{r}\boldsymbol{r}$ 是并矢，对角线上为对轴的惯性矩；其他为惯性积。

$$I_x = \int\limits_\tau \rho\left(y^2 + z^2\right)\mathrm{d}\tau, \quad I_y = \int\limits_\tau \rho\left(z^2 + x^2\right)\mathrm{d}\tau, \quad I_z = \int\limits_\tau \rho\left(x^2 + y^2\right)\mathrm{d}\tau$$

$$I_{xy} = I_{yx} = \int\limits_\tau \rho xy\mathrm{d}\tau, \quad I_{yz} = I_{zy} = \int\limits_\tau \rho yz\mathrm{d}\tau, \quad I_{xz} = I_{zx} = \int\limits_\tau \rho zx\mathrm{d}\tau$$

动量矩定理可以表示为

$$\frac{\mathrm{d}\boldsymbol{H}_O}{\mathrm{d}t} = \frac{\mathrm{d}_t\boldsymbol{H}_O}{\mathrm{d}_t t} + \boldsymbol{\omega} \times \boldsymbol{H}_O = \boldsymbol{I}_O \cdot \dot{\boldsymbol{\omega}} + \boldsymbol{\omega} \times (\boldsymbol{I}_O \cdot \boldsymbol{\omega}) = \boldsymbol{M}_O \quad (8\text{-}10)$$

式中，$\boldsymbol{M}_O$ 是作用在 O 点的外力矩；$\mathrm{d}_t/\mathrm{d}_t t$ 是体轴坐标系下的导数。很明显体轴坐标系下 $\mathrm{d}_t\boldsymbol{I}_O/\mathrm{d}_t t = 0$。一般而言，飞机是左右对称的 (图 8-1)，$O$ 点取在外形的质心上，则惯性积 $I_{xz} = I_{yz} = 0$，所以惯性张量为

$$\boldsymbol{I}_O = \begin{bmatrix} I_x & -I_{xy} & 0 \\ -I_{xy} & I_y & 0 \\ 0 & 0 & I_z \end{bmatrix}$$

可得转动动力学方程:

$$
\begin{cases}
\dfrac{\mathrm{d}}{\mathrm{d}t}\left(I_x\omega_x - I_{xy}\omega_y\right) + \left(I_z - I_y\right)\omega_y\omega_z + I_{xy}\omega_x\omega_z = M_x \\[2mm]
\dfrac{\mathrm{d}}{\mathrm{d}t}\left(I_y\omega_y - I_{xy}\omega_x\right) + \left(I_x - I_z\right)\omega_x\omega_z - I_{xy}\omega_y\omega_z = M_y \\[2mm]
\dfrac{\mathrm{d}}{\mathrm{d}t}\left(I_z\omega_z\right) + \left(I_y - I_x\right)\omega_x\omega_y + I_{xy}\left(\omega_y^2 - \omega_x^2\right) = M_z
\end{cases}
\tag{8-11}
$$

式中,$\boldsymbol{M} = (M_x, M_y, M_z)^{\mathrm{T}}$ 为作用在质心处的外力矩;M_x 为滚转力矩;M_y 为偏航力矩;M_z 为俯仰力矩。进一步将式 (8-11) 化简成如下形式:

$$
\begin{cases}
\dfrac{\mathrm{d}\omega_x}{\mathrm{d}t} = a_1\omega_x\omega_z + a_2\omega_y\omega_z + \bar{M}_x \\[2mm]
\dfrac{\mathrm{d}\omega_y}{\mathrm{d}t} = b_1\omega_x\omega_z + b_2\omega_y\omega_z + \bar{M}_y \\[2mm]
\dfrac{\mathrm{d}\omega_z}{\mathrm{d}t} = c_1\omega_x\omega_y + c_2\omega_x^2 + c_3\omega_y^2 + \bar{M}_z
\end{cases}
\tag{8-12}
$$

式中的系数定义如下

$$
a_1 \equiv \frac{I_{xy}\left(I_z - I_x - I_y\right)}{I_x I_y - I_{xy}^2}, \quad a_2 \equiv \frac{I_{xy}^2 - I_y I_z + I_y^2}{I_x I_y - I_{xy}^2}, \quad \bar{M}_x \equiv \frac{I_y M_x + I_{xy} M_y}{I_x I_y - I_{xy}^2}
$$

$$
b_1 \equiv \frac{I_x I_z - I_x^2 - I_{xy}^2}{I_x I_y - I_{xy}^2}, \quad b_2 \equiv \frac{I_{xy}\left(I_x + I_y - I_z\right)}{I_x I_y - I_{xy}^2}, \quad \bar{M}_y \equiv \frac{I_{xy} M_x + I_x M_y}{I_x I_y - I_{xy}^2}
$$

$$
c_1 \equiv \frac{I_x - I_y}{I_z}, \quad c_2 \equiv \frac{I_{xy}}{I_z}, \quad c_3 \equiv -\frac{I_{xy}}{I_z}, \quad \bar{M}_z \equiv \frac{M_z}{I_z}
$$

当 $I_{xy} = 0$ 惯性主轴,满足此条件的主轴称主轴坐标系。

$$
a_1 = b_2 = c_2 = c_3 = 0, \quad a_2 = \frac{I_y - I_z}{I_x}, \quad b_1 = \frac{I_z - I_x}{I_y}, \quad c_1 = \frac{I_x - I_y}{I_z}
$$

2. 质心动力学方程

将惯性系下的牛顿第二运动定律 $m\dfrac{\mathrm{d}\boldsymbol{U}_d}{\mathrm{d}t} = F/m$ 投影到体轴坐标系下,可写成 $\dfrac{\mathrm{d}V_t}{\mathrm{d}t} + \omega \times V_t$,$\omega$ 是旋转角速度,$\dfrac{\mathrm{d}V_t}{\mathrm{d}t}$ 是体轴中质心的加速

度，$V_t = (v_x, v_y, v_z)^{\mathrm{T}}$，$V = \left(v_x^2 + v_y^2 + v_z^2\right)^{\frac{1}{2}}$。对应的质心运动学方程为

$$
\begin{cases}
\dfrac{\mathrm{d}v_x}{\mathrm{d}t} - v_y\omega_z + v_z\omega_y = a_x = \dfrac{\rho V^2 S}{2m}\left(C_p - C_x\right) - g\sin\theta \\[3mm]
\dfrac{\mathrm{d}v_y}{\mathrm{d}t} + v_x\omega_z - v_z\omega_x = a_y = \dfrac{\rho V^2 S}{2m}C_y - g\cos\theta\cos\gamma \\[3mm]
\dfrac{\mathrm{d}v_z}{\mathrm{d}t} - v_x\omega_y + v_y\omega_x = a_z = \dfrac{\rho V^2 S}{2m}C_z + g\cos\theta\sin\gamma
\end{cases}
\tag{8-13}
$$

式中，C_p 是推力系数；g 是重力加速度；m 是飞行器质量；C_x、C_y、C_z 分别为阻力系数、侧力系数、升力系数，我们称之为约束力。

对式 (8-5) 求导，并将质心的运动方程 (8-13) 代入其中，则

$$
\begin{cases}
\dfrac{\mathrm{d}\alpha}{\mathrm{d}t} = \omega_z - \dfrac{\bar{a}_x\sin\alpha + \bar{a}_y\cos\alpha}{\cos\beta} - (\omega_x\cos\alpha - \omega_y\sin\alpha)\tan\beta \\[3mm]
\dfrac{\mathrm{d}\beta}{\mathrm{d}t} = (\omega_x\sin\alpha + \omega_y\cos\alpha) - \bar{a}_x\cos\alpha\sin\beta + \bar{a}_y\sin\alpha\sin\beta + \bar{a}_z\cos\beta
\end{cases}
\tag{8-14}
$$

$$
\frac{1}{V}\cdot\frac{\mathrm{d}V}{\mathrm{d}t} = \bar{a}_x\cos\alpha\cos\beta - \bar{a}_y\sin\alpha\cos\beta + \bar{a}_z\sin\beta
\tag{8-15}
$$

这里，$\bar{a}_x = a_x/V$，$\bar{a}_y = a_y/V$，$\bar{a}_z = a_z/V$。

结论：

(1) 根据以上研究，用 (ψ, θ, γ) 表示的方程是

$$
\begin{cases}
\dfrac{\mathrm{d}\gamma}{\mathrm{d}t} = \omega_x - \tan\theta\left(\cos\gamma\omega_y - \sin\gamma\omega_z\right) \\[3mm]
\dfrac{\mathrm{d}\psi}{\mathrm{d}t} = \dfrac{1}{\cos\theta}\left(\cos\gamma\omega_y - \sin\gamma\omega_z\right) \\[3mm]
\dfrac{\mathrm{d}\theta}{\mathrm{d}t} = \sin\gamma\omega_y + \cos\gamma\omega_z \\[3mm]
\dfrac{\mathrm{d}\omega_x}{\mathrm{d}t} = \dfrac{I_y - I_z}{I_x}\omega_y\omega_z + \bar{M}_x \\[3mm]
\dfrac{\mathrm{d}\omega_y}{\mathrm{d}t} = \dfrac{I_z - I_x}{I_y}\omega_z\omega_x + \bar{M}_y \\[3mm]
\dfrac{\mathrm{d}\omega_z}{\mathrm{d}t} = \dfrac{I_x - I_y}{I_z}\omega_x\omega_y + \bar{M}_z
\end{cases}
\tag{8-16}
$$

(2) 用 (α, β, γ) 表示的方程是

$$
\begin{cases}
\dfrac{\mathrm{d}\alpha}{\mathrm{d}t} = \omega_z - \dfrac{\bar{a}_x \sin\alpha + \bar{a}_y \cos\alpha}{\cos\beta} - (\omega_x \cos\alpha - \omega_y \sin\alpha)\tan\beta \\[2mm]
\dfrac{\mathrm{d}\beta}{\mathrm{d}t} = (\omega_x \sin\alpha + \omega_y \cos\alpha) - \bar{a}_x \cos\alpha \sin\beta + \bar{a}_y \sin\alpha \sin\beta + \bar{a}_z \cos\beta \\[2mm]
\dfrac{\mathrm{d}\gamma}{\mathrm{d}t} = \omega_x - \dot{\psi}\sin\theta = \omega_x - \tan\theta(\cos\gamma\,\omega_y - \sin\gamma\,\omega_z) \\[2mm]
\dfrac{\mathrm{d}\omega_x}{\mathrm{d}t} = a_2 \omega_y \omega_z + \bar{M}_x \\[2mm]
\dfrac{\mathrm{d}\omega_y}{\mathrm{d}t} = b_1 \omega_x \omega_z + \bar{M}_y \\[2mm]
\dfrac{\mathrm{d}\omega_z}{\mathrm{d}t} = c_1 \omega_x \omega_y + \bar{M}_z
\end{cases}
\tag{8-17a}
$$

其中,

$$
\begin{cases}
\dfrac{1}{V}\dfrac{\mathrm{d}V}{\mathrm{d}t} = \bar{a}_x \cos\alpha \cos\beta - \bar{a}_y \sin\alpha \cos\beta + \bar{a}_z \sin\beta \\[2mm]
\dfrac{\mathrm{d}\psi}{\mathrm{d}t} = \dfrac{1}{\cos\theta}(\cos\gamma\,\omega_y - \sin\gamma\,\omega_z) \\[2mm]
\dfrac{\mathrm{d}\theta}{\mathrm{d}t} = \sin\gamma\,\omega_y + \cos\gamma\,\omega_z
\end{cases}
\tag{8-17b}
$$

式中, $\bar{a}_x$、$\bar{a}_y$ 和 $\bar{a}_z$ 由式 (8-15) 给出; a_x、a_y 和 a_z 由式 (8-13) 给出, 它们分别表示 x 轴, y 轴, z 轴方向的加速度。设 g 为重力加速度, $n_x = \dfrac{a_x}{g}$, $n_y = \dfrac{a_y}{g}$, $n_z = \dfrac{a_z}{g}$ 是三个方向轴的过载系数 (无量纲量), $\bar{a}_x = n_x \dfrac{g}{V}$, $\bar{a}_y = n_y \dfrac{g}{V}$, $\bar{a}_z = n_z \dfrac{g}{V}$, 若 $V = (Ma)\cdot a$, a 为声速, 取值 350m/s, 如果 $g = 9.8\text{m/s}^2$, 则有 $\bar{a}_x = 0.028\dfrac{n_x}{Ma}$, $\bar{a}_y = 0.028\dfrac{n_y}{Ma}$, $\bar{a}_x = 0.028\dfrac{n_z}{Ma}$。

(3) 式 (8-13) 表示, 当约束力为零 (即 $\bar{a}_x = \bar{a}_y = \bar{a}_z = 0$), 质心的移动速度均匀且与 ω 同方向时, 移动的三个自由度无贡献, 于是变成只有

旋转的三个自由度的问题，其描述方程是

$$
\begin{cases}
\dfrac{\mathrm{d}\alpha}{\mathrm{d}t} = \omega_z - (\omega_x \cos\alpha - \omega_y \sin\alpha)\tan\beta \\[2mm]
\dfrac{\mathrm{d}\beta}{\mathrm{d}t} = \omega_x \sin\alpha + \omega_y \cos\alpha \\[2mm]
\dfrac{\mathrm{d}\gamma}{\mathrm{d}t} = \omega_x - \dot{\psi}\sin\theta = \omega_x - \tan\theta\,(\cos\gamma\,\omega_y - \sin\gamma\,\omega_z) \\[2mm]
\dfrac{\mathrm{d}\omega_x}{\mathrm{d}t} = a_2 \omega_y \omega_z + \bar{M}_x \\[2mm]
\dfrac{\mathrm{d}\omega_y}{\mathrm{d}t} = b_1 \omega_x \omega_z + \bar{M}_y \\[2mm]
\dfrac{\mathrm{d}\omega_z}{\mathrm{d}t} = c_1 \omega_x \omega_y + \bar{M}_z \\[2mm]
\dfrac{\mathrm{d}\psi}{\mathrm{d}t} = \dfrac{1}{\cos\theta}(\cos\gamma\,\omega_y - \sin\gamma\,\omega_z) \\[2mm]
\dfrac{\mathrm{d}\theta}{\mathrm{d}t} = \sin\gamma\,\omega_y + \cos\gamma\,\omega_z
\end{cases}
\tag{8-18}
$$

这样，我们就得到了由式 (8-8)、式 (8-12)、式 (8-13)、式 (8-14) 六自由度共九个方程描述的飞行控制方程 (8-17)。这个方程是飞行力学专业组编《飞机飞行品质手册》(航空工业部，1953)。考察式 (8-17b)，发现 $\mathrm{d}\psi/\mathrm{d}t$ 可以解耦独立出来，所以得到描述一般运动的八个方程组成的系统。对于三自由度的方程 (8-18) 只有七个方程。

如果对上述方程进行细致的分析，可以得到

$$
\frac{\mathrm{d}x}{\mathrm{d}t} = f(x,t)
$$

而 $\dfrac{\mathrm{d}x}{\mathrm{d}t} = f(x)$ 仅在弱非定常情况下成立。

8.2　非定常流动支配方程

前边介绍了飞行力学的基本方程，求解飞行器运动需和流动耦合，即需要实时给出其运动时所受的气动力和气动力矩，这则需要求解流动支配方程。有两种情况应该特别重视，一是近年来兴起的在 40~70km 空域内飞行的近空间飞行器的流动。周恒、张涵信对此种流动出现的新问题、描述流动的新方程作了探讨。在这一流动范围内，过渡流是重要的，过渡流的方程是 Boltzmann 方程。Bird 关于过渡流的 Monte-Carlo 算法是直接的数值模拟 (DSMC)，该方法是一种直接从流动物理模拟出发的方法，两者是通过相同的物理推理得到的，因此应该发展飞行器运动和 DSMC 耦合的计算。2003 年，沈青发表了他的专著《稀薄气体动力学》，详细介绍 DSMC，并且给出计算框图和程序，应推荐使用 [1]。为了清楚了解 Bird 方法的物理过程，我们给出了附录。另一种情况是飞行器在 40~50 km 以下空域内飞行，流动方程为 N-S 方程，本书会详细的研究飞行器运动与 N-S 方程耦合计算的问题。下面不加推导的直接给出惯性坐标系下的无量纲 N-S 方程组作为流动支配方程。

N-S 方程中涉及的变量有：$\tilde{t}; \tilde{x}, \tilde{y}, \tilde{z}; \tilde{u}, \tilde{v}, \tilde{w}; \tilde{\rho}; \tilde{p}, \tilde{e}; \tilde{T}; \tilde{k}; \tilde{\mu}$。这些参数分别采用以下参数进行无量纲化：$t_0 = L/V_b, L, V_b, \rho_\infty, p_\infty, T_\infty, k_\infty, \mu_\infty$，即

$$t = \frac{\tilde{t}}{t_0}; \quad x = \frac{\tilde{x}}{L}, \quad y = \frac{\tilde{y}}{L}, \quad z = \frac{\tilde{z}}{L}; \quad u = \frac{\tilde{u}}{V_b}, \quad v = \frac{\tilde{v}}{V_b}, \quad w = \frac{\tilde{w}}{V_b}$$

$$\rho = \frac{\tilde{\rho}}{\rho_\infty}; \quad p = \frac{\tilde{p}}{\rho_\infty V_b^2}, \quad e = \frac{\tilde{e}}{\rho_\infty V_b^2}; \quad T = \frac{\tilde{T}}{T_\infty}; \quad k = \frac{\tilde{k}}{k_\infty}; \quad \mu = \frac{\tilde{\mu}}{\mu_\infty}$$

$$(8\text{-}19)$$

这里 "∞" 表示无穷远处的值；"b" 表示物体的飞行速度；L 为物体的特征长度。

无量纲三维黏性的 N-S 方程可以写成 (忽略体积力)：

$$\frac{\partial \boldsymbol{Q}}{\partial t} + \frac{\partial \boldsymbol{E}}{\partial x} + \frac{\partial \boldsymbol{F}}{\partial y} + \frac{\partial \boldsymbol{G}}{\partial z} = \frac{\partial \boldsymbol{E}_v}{\partial x} + \frac{\partial \boldsymbol{F}_v}{\partial y} + \frac{\partial \boldsymbol{G}_v}{\partial z} \qquad (8\text{-}20)$$

$$\boldsymbol{Q} = St \cdot \begin{bmatrix} \rho & \rho u & \rho v & \rho w & e \end{bmatrix}^{\mathrm{T}} \qquad (8\text{-}21)$$

$$\boldsymbol{E} = \begin{bmatrix} \rho u \\ \rho u^2 + p \\ \rho u v \\ \rho u w \\ (e+p)\,u \end{bmatrix} \cdot \boldsymbol{E}_v = \frac{1}{Re_L} \begin{bmatrix} 0 \\ \tau_{xx} \\ \tau_{xy} \\ \tau_{xz} \\ u\tau_{xx} + v\tau_{xy} + w\tau_{xz} \end{bmatrix}$$

$$+ \frac{1}{\gamma - 1} \frac{1}{(Ma)^2} \frac{1}{Re_L} \frac{1}{Pr} \begin{bmatrix} 0 \\ 0 \\ 0 \\ 0 \\ -\dot{q}_x \end{bmatrix}$$

$$\boldsymbol{F} = \begin{bmatrix} \rho v \\ \rho v u \\ \rho v^2 + p \\ \rho v w \\ (e+p)\,v \end{bmatrix} \cdot \boldsymbol{F}_v = \frac{1}{Re_L} \begin{bmatrix} 0 \\ \tau_{yx} \\ \tau_{yy} \\ \tau_{yz} \\ u\tau_{yx} + v\tau_{yy} + w\tau_{yz} \end{bmatrix}$$

$$+ \frac{1}{\gamma - 1} \frac{1}{(Ma)^2} \frac{1}{Re_L} \frac{1}{Pr} \begin{bmatrix} 0 \\ 0 \\ 0 \\ 0 \\ -\dot{q}_y \end{bmatrix}$$

$$\boldsymbol{G} = \begin{bmatrix} \rho w \\ \rho w u \\ \rho w v \\ \rho w^2 + p \\ (e+p)\,w \end{bmatrix} \cdot \boldsymbol{G}_v = \frac{1}{Re_L} \begin{bmatrix} 0 \\ \tau_{zx} \\ \tau_{zy} \\ \tau_{zz} \\ u\tau_{zx} + v\tau_{zy} + w\tau_{zz} \end{bmatrix}$$

$$+\frac{1}{\gamma-1}\frac{1}{(Ma)^2}\frac{1}{Re_L}\frac{1}{Pr}\begin{bmatrix}0\\0\\0\\0\\-\dot{q}_z\end{bmatrix}$$

无量纲的状态方程:

$$p=\frac{\rho T}{\gamma(Ma)^2} \tag{8-22}$$

无量纲的声速公式:

$$a^2=\frac{\gamma p}{\rho}=\frac{T}{(Ma)^2} \tag{8-23}$$

无量纲的 Sutherland 公式:

$$\bar{\mu}=\left(\bar{T}\right)^{3/2}\cdot\frac{1+\kappa}{\bar{T}+\kappa},\quad \kappa\triangleq\frac{110}{T_\infty} \tag{8-24}$$

边界条件: 由于物体运动, 壁面的流体跟随物面一起运动, 对应的物面边界条件变成:

$$\boldsymbol{V}_{\text{wall}}=\boldsymbol{V}_{\text{body}}$$

式中, $\boldsymbol{V}_{\text{body}}$ 是物体的运动速度。

如果假设惯性系就是大地静止坐标系, 那么无穷远处的来流条件就是:

$$\rho_\infty,p_\infty,V_\infty=(0,0,0)^{\text{T}}$$

对于运动和流动耦合问题而言, 由于物体在不断运动, 相应的控制体也在运动, 由运动控制体的雷诺输运方程 [2]:

$$\begin{cases}\dfrac{\mathrm{d}\boldsymbol{\psi}_{\text{syst}}}{\mathrm{d}t}=\dfrac{\mathrm{d}}{\mathrm{d}t}\left(\displaystyle\int_{\text{CV}}\varphi\mathrm{d}v\right)+\displaystyle\int_{\text{CS}}\varphi\left(\boldsymbol{V}-\boldsymbol{V}_s\right)\cdot\boldsymbol{n}\mathrm{d}A\\[4mm]\boldsymbol{\psi}_{\text{syst}}\triangleq\displaystyle\int_{\text{syst}}\varphi\mathrm{d}v\end{cases} \tag{8-25}$$

式中，φ 称为雷诺输运量。即输运量对系统 ψ_{syst} 的净流入，流出量由控制面 (Control Surface, CS) 上的相对速度 $(V_r = V - V_s)$ 决定，如图 8-4 所示。

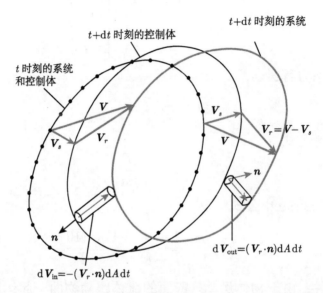

图 8-4　运动控制体的雷诺输运定律示意图 (后附彩图)

因此，对于守恒型 N-S 方程的有限体积法处理上，也需考虑其流动相对于运动界面的通量流入，即要在原通量上减去控制界面运动带来的流量，于是基于运动控制体的积分型 N-S 方程组：

$$\frac{\mathrm{d}}{\mathrm{d}t}\int_{\Omega}\boldsymbol{Q}\mathrm{d}V + \oint_{\partial\Omega}\left(\begin{array}{c}(\boldsymbol{E}-\boldsymbol{E}_v)\,n_x + (\boldsymbol{F}-\boldsymbol{F}_v)\,n_y \\ +(\boldsymbol{G}-\boldsymbol{G}_v)\,n_z - \boldsymbol{Q}\,(\boldsymbol{V}_{\mathrm{s}}\cdot\boldsymbol{n})\end{array}\right)\mathrm{d}S = 0 \qquad (8\text{-}26)$$

对于曲面边界，通常采用贴体曲线坐标系下的 N-S 方程。引入与时间相关的坐标变换：

$$\begin{cases} t = t^* \\ \xi = \xi\,(x,y,z,t^*) \\ \eta = \eta\,(x,y,z,t^*) \\ \zeta = \zeta\,(x,y,z,t^*) \end{cases}$$

　　将物面平面中的网格转换至计算平面中的正交网格。则在一般曲线坐标系中,无量纲化的三维非定常 N-S 方程可写成如下守恒形式:

$$\frac{\partial \left(J^{-1} \cdot Q\right)}{\partial t} + \frac{\partial \widehat{E}}{\partial \xi} + \frac{\partial \widehat{F}}{\partial \eta} + \frac{\partial \widehat{G}}{\partial \zeta} = \frac{1}{Re_{\infty}} \left(\frac{\partial \widehat{E}_v}{\partial \xi} + \frac{\partial \widehat{F}_v}{\partial \eta} + \frac{\partial \widehat{G}_v}{\partial \zeta}\right)$$

值得注意的是,在动网格非定常计算中,变换时必须保留时间导数项。上式中各变量的定义如下

$$Q = [\rho \ \rho u \ \rho v \ \rho w \ \rho e]^{\mathrm{T}}$$

$$\widehat{F}^{*} = \widehat{k}_t Q + \widehat{k}_x E + \widehat{k}_y F + \widehat{k}_z G = \begin{bmatrix} \rho \widehat{\theta} \\ \rho \widehat{\theta} u + \widehat{k}_x p \\ \rho \widehat{\theta} v + \widehat{k}_y p \\ \rho \widehat{\theta} w + \widehat{k}_z p \\ \rho \widehat{\theta} h - \widehat{k}_t p \end{bmatrix}$$

$$\widehat{F}_v^{*} = \widehat{k}_x E_v + \widehat{k}_y F_v + \widehat{k}_z G_v = \begin{bmatrix} 0 \\ \widehat{k}_x \tau_{xx} + \widehat{k}_y \tau_{xy} + \widehat{k}_z \tau_{xz} \\ \widehat{k}_x \tau_{yx} + \widehat{k}_y \tau_{yy} + \widehat{k}_z \tau_{yz} \\ \widehat{k}_x \tau_{zx} + \widehat{k}_y \tau_{zy} + \widehat{k}_z \tau_{zz} \\ \widehat{k}_x \beta_x + \widehat{k}_y \beta_y + \widehat{k}_z \beta_z \end{bmatrix}$$

$$h = e + p/\rho$$

$$\widehat{\theta} = \widehat{k}_t + \widehat{k}_x u + \widehat{k}_y v + \widehat{k}_z w = \widehat{k}_x \left(u - x_t\right) + \widehat{k}_y \left(v - y_t\right) + \widehat{k}_z \left(w - z_t\right)$$

$$\beta_x = u\tau_{xx} + v\tau_{xy} + w\tau_{xz} + k\frac{\partial T}{\partial x}$$

$$\beta_y = u\tau_{yx} + v\tau_{yy} + w\tau_{yz} + k\frac{\partial T}{\partial y}$$

$$\beta_z = u\tau_{zx} + v\tau_{zy} + w\tau_{zz} + k\frac{\partial T}{\partial z}$$

另外, 上述表达式中的时间依赖的坐标变换导数定义如下

$$\widehat{\xi}_x = y_\eta z_\zeta - y_\zeta z_\eta, \quad \widehat{\xi}_y = z_\eta x_\zeta - z_\zeta x_\eta, \quad \widehat{\xi}_z = x_\eta y_\zeta - x_\zeta y_\eta$$

$$\widehat{\eta}_x = z_\xi y_\zeta - z_\zeta y_\xi, \quad \widehat{\eta}_y = x_\xi z_\zeta - x_\zeta z_\xi, \quad \widehat{\eta}_z = y_\xi x_\zeta - x_\zeta y_\xi$$

$$\widehat{\zeta}_x = y_\xi z_\eta - y_\eta z_\xi, \quad \widehat{\zeta}_y = z_\xi x_\eta - z_\xi x_\eta, \quad \widehat{\zeta}_z = x_\xi y_\eta - x_\eta y_\xi$$

$$\widehat{\xi}_t = - \left(\widehat{\xi}_x x_\tau + \widehat{\xi}_y y_\tau + \widehat{\xi}_z z_\tau \right)$$

$$\widehat{\eta}_t = - \left(\widehat{\eta}_x x_\tau + \widehat{\eta}_y y_\tau + \widehat{\eta}_z z_\tau \right)$$

$$\widehat{\zeta}_t = - \left(\widehat{\zeta}_x x_\tau + \widehat{\zeta}_y y_\tau + \widehat{\zeta}_z z_\tau \right)$$

$$J^{-1} = x_\xi \widehat{\xi}_x + x_\eta \widehat{\eta}_x + x_\zeta \widehat{\zeta}_x$$

8.3　网 格 生 成 [3,4]

8.3.1　非结构混合网格的生成

随着 CFD 技术的不断发展, 其研究对象也从简单的几何模型 (如圆柱、方腔等) 转向有着明确工业应用的复杂模型 (如飞机、汽车) (图 8-5), 这一切主要依赖的就是网格生成技术。以往的结构化网格很难适用于复杂外形的描述, 由于非结构网格技术对复杂几何外形描述的灵活性, 使得其在工业研究领域得到广泛的应用。由于早期的三角化 (2D) 或四面体化 (3D) 的非结构网格很难描述物体表面上的黏性流动, 于是张来平 [4] 提出了一种多种网格类型复合的混合型网格, 即在计算域远场处采用具有良好自适应功能的笛卡儿网格。近壁面区域采用贴体的六面体/三棱柱边界层网格, 而远场和壁面之间的中间场则采用非结构四面体/四棱锥网格进行填充, 这种网格一方面能模拟边界层内的黏性流动现象, 另一方面又继承了笛卡儿网格在网格自适应上的优点, 还能适用于复杂的几何外形, 如图 8-6 所示。

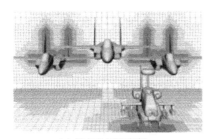
(a) 笛卡儿网格实例

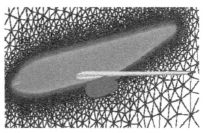
(b) 四面体网格实例

图 8-5　复杂外形的网格生成实例 (后附彩图)

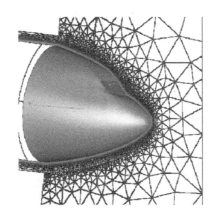

图 8-6　物面结构/内场非结构的混合网格 (后附彩图)

　　按照张来平关于混合网格的生成思想，本书采用了如下两种混合网格策略。

　　策略 1　下边以将来要计算的翼身组合体为例，如图 8-7 所示，来说明上述混合策略的应用。

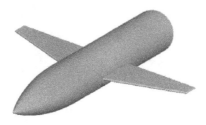

图 8-7　翼身组合体示意图 (后附彩图)

第一步：在翼身体表面上生成六面体和三棱柱组合的边界层网格，如图 8-8(a) 所示；

第二步：建立一个长方体的计算域，以备生成八叉树笛卡儿网格，并在点到物面的距离作为控制树的层数的参数，离物面越近八叉树划分越密，并 "挖掉" 与物面距离小于某个给定值的树，使得在边界层网格和八叉树网格之间存在一个空洞区，如图 8-8(b) 所示；

第三步：在上述空洞区中填充非结构的四面体和四棱锥网格，如图 8-8(c) 所示。

这样整个网格就是由八叉树 (octree)，六面体 (hexahedron)，三棱柱 (prism)，四棱锥 (pyramid) 和四面体 (tetrahedron) 单元构成的混合网格，如图 8-8(d) 所示。

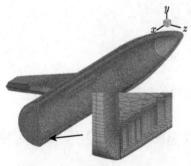

(a) 物面上的边界层网格，六面体和三棱柱　　(b) 远场域八叉树网格及中间空洞区

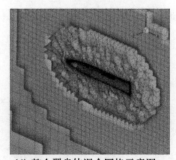

(c) 空洞区中填充的四面体和四棱锥网格　　(d) 整个翼身体混合网格示意图

图 8-8　采用八叉树的混合网格生成示意图 (策略 1)(后附彩图)

策略 2 当然，为了简单起见，避免八叉树网格生成时产生悬空节点，可以不用八叉树网格，只用常规的六面体、三棱柱、四棱锥和四面体单元构成的混合网格，这种做法就是在边界层外层网格和远场边界之间直接用非结构的四面体和四棱锥网格填充就可以，不过这种做法需要采用某些技巧来控制单元密度，实现从远场稀疏网格到近壁面稠密网格的光滑过渡。通常的方法是在计算域空间中引入点源、线源来建立单元密度函数控制网关的疏密变化。其次就是建立多层嵌套区域，通过控制嵌套面上的网格来实现整个网格疏密的渐变，如图 8-9 所示，在近壁面处又嵌套了一个长方体区域，在长方体域内部网格都比较密，而在外部则比较稀疏。

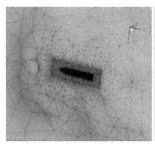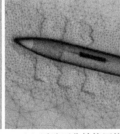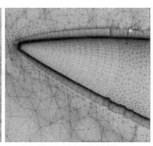

(a) 近壁面嵌套矩形区　　　(b) 近壁面非结构网格　　　(c) 壁面上边界层网格

图 8-9　四面体型的混合网格生成示意图 (策略 2)(后附彩图)

8.3.2　动网格生成技术

1. Delauney 背景网格技术

对于动网格的生成技术，通常采用 Delauney 背景网格技术来实现[5]，就是采用 Delauney 算法将计算空间划分成相对计算网格简单许多的四面体化 (3D case) 或三角化 (2D case) 背景插值网格。通过建立 Delauney 背景网格和计算网格之间的映射关系，在确定背景网格的运动规律就可得到相应的动态计算网格。如图 8-10 所示，给定了一个三段翼的背景网格，图 8-10(b)、(c) 显示了表面网格和边界完整性。

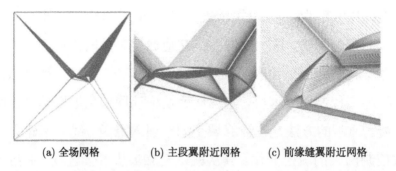

(a) 全场网格　　　　(b) 主段翼附近网格　　　(c) 前缘缝翼附近网格

图 8-10　三段翼的背景网格示意图和局部网格放大图 (后附彩图)

在采用 Delauney 方法生成背景网格之后，按照如下步骤来生成运动网格。

(1) 建立背景网格和计算网格的映射关系，将计算网格中的点采用 WalkTh-rough[6] 的方法映射到背景网格中的三角形中，找到每个节点所在的三角形 (或四面体) 网格单元，然后计算其面积 (体积) 坐标；

(2) 按照物体的运动规律对背景网格进行变形，得到新时刻的背景网格，要求在背景网格变形过程中，其中的背景网格的拓扑关系保持不变，即不能出现网格相交等情形；

(3) 由映射关系，依据每个计算网格节点的面积 (体积) 坐标重新确定它们运动后的坐标，即由新的背景网格得出新的计算网格；

(4) 网格质量检测和优化，包括贴体的四边形 (二维)/棱柱 (三维) 和空间的三角形 (二维)/四面体 (三维) 两类网格质量的检测和优化，输出本时间步的网格；

(5) 重复 (1)~(4) 直到运动结束。

2. 线形插值方法

Delauney 背景网格技术的适用性很强，尤其是物体在做柔体变形运动 (如鱼类的巡游)，可以生成质量比较好的运动网格。如果整个壁面是

做刚体变形 (如飞机俯仰、偏航等机动运动)，且没有发生相对运动，可以采用如下策略来生成运动网格。

(1) 内场的壁面网格运动速度完全按照刚体运动规律随着壁面一起运动，运动速度记为 u_rigid；远场的网格运动速度保持静止；

(2) 构造一个开关函数 η，使得在壁面网格附近 $\eta = 1$，在远场网格处 $\eta = 0$；

(3) 用 $\eta \cdot u_\text{rigid}$ 为网格的运动速度来生成动网格；

(4) 网格质量检测和优化，包括贴体的四边形 (二维)/棱柱 (三维) 和空间的三角形 (二维)/四面体 (三维) 两类网格质量的检测和优化，输出本时间步的网格；

(5) 重复 (1)~(4) 直到运动结束。

这样纯代数的动网格生成方法计算量要小很多，效率也高很多。但是对于刚体的大幅度运动，动网格有可能自相交，方法则不再适用。

需要指出的是，无论是 Delauney 背景网格技术还是直接插值技术，对于大范围的运动或是拓扑结构发生变化的问题 (如分离体问题)，这两种方法都可能产生网格自相交问题，而无法生成相应的动网格，需要不断地人工干预进行网格重构。

8.4 动网格下的有限体积方法

对于积分型的非定常的 N-S 方程 (8-20) 而言，其有限体积法的半离散形式可以表达为

$$
\begin{cases}
\dfrac{\mathrm{d}}{\mathrm{d}t}\left(\bar{\boldsymbol{Q}}\varOmega\right) + \sum_i \left[\boldsymbol{H} - \boldsymbol{Q}\left(\boldsymbol{V}_s \cdot \boldsymbol{n}\right)\right] A_i = 0 \\[2mm]
\bar{\boldsymbol{Q}} \triangleq \dfrac{1}{\varOmega}\displaystyle\int_{\varOmega} \boldsymbol{Q}\mathrm{d}v \\[2mm]
\boldsymbol{H} \triangleq \left(\boldsymbol{E} - \boldsymbol{E}_v\right) n_x + \left(\boldsymbol{F} - \boldsymbol{F}_v\right) n_y + \left(\boldsymbol{G} - \boldsymbol{G}_v\right) n_z
\end{cases}
\tag{8-27}
$$

式中，$\boldsymbol{H}$ 是控制界面上的通量；A_i 是控制界面面积。

1. 空间离散方法

采用原始变量型的 NND 格式[7] 计算控制界面上通量 $\boldsymbol{H}$。如图 8-11 所示，e 是控制界面，c_1，c_2 分别是其两侧的单元。前面的通量分裂是基于特征值的正负关系，所以这里的 c_1，c_2 两侧的单元也需要实现确定谁是 "正的" 一侧单元 R，谁是 "负的" 一侧单元 L。这可以简单的由 c_1，c_2 的中心坐标判断。然后据此采用原始变量 NND 格式计算出界面上的原始变量，进而得到通量值。设 $q = [\rho, u, v, w, p]^{\mathrm{T}}$ 为原始变量，则数值通量公式为

$$
\begin{cases}
E = E^+\left(q_{\mathrm{L}e}\right) + E^-\left(q_{\mathrm{R}e}\right) \\[2mm]
q_{\mathrm{L}e} = q_{\mathrm{L}} + \min \mathrm{mod}\left(\dfrac{\partial q_{\mathrm{L}}}{\partial x}, \dfrac{\partial q_{\mathrm{R}}}{\partial x}\right) \cdot (x_e - x_{\mathrm{L}}) \\[3mm]
\qquad + \min \mathrm{mod}\left(\dfrac{\partial q_{\mathrm{L}}}{\partial y}, \dfrac{\partial q_{\mathrm{R}}}{\partial y}\right) \cdot (y_e - y_{\mathrm{L}}) \\[3mm]
\qquad + \min \mathrm{mod}\left(\dfrac{\partial q_{\mathrm{L}}}{\partial z}, \dfrac{\partial q_{\mathrm{R}}}{\partial z}\right) \cdot (z_e - z_{\mathrm{L}}) \\[3mm]
q_{\mathrm{R}e} = q_{\mathrm{R}} + \min \mathrm{mod}\left(\dfrac{\partial q_{\mathrm{L}}}{\partial x}, \dfrac{\partial q_{\mathrm{R}}}{\partial x}\right) \cdot (x_e - x_{\mathrm{R}}) \\[3mm]
\qquad + \min \mathrm{mod}\left(\dfrac{\partial q_{\mathrm{L}}}{\partial y}, \dfrac{\partial q_{\mathrm{R}}}{\partial y}\right) \cdot (y_e - y_{\mathrm{R}}) \\[3mm]
\qquad + \min \mathrm{mod}\left(\dfrac{\partial q_{\mathrm{L}}}{\partial z}, \dfrac{\partial q_{\mathrm{R}}}{\partial z}\right) \cdot (z_e - z_{\mathrm{R}})
\end{cases}
\tag{8-28}
$$

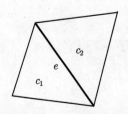

图 8-11　控制面与单元

通量 $\boldsymbol{F}$, $\boldsymbol{G}$ 可以类似计算。式 (8-28) 中，用到了单元中心的原始变量梯度 $\dfrac{\partial q}{\partial x}$, $\dfrac{\partial q}{\partial y}$, $\dfrac{\partial q}{\partial z}$，可以采用最小二乘等方法来确定。

熵修正：上述数值格式中构造正负数值通量时需要应用通量矢量分裂 (Stger-Warming 分裂和 Van Leer 分裂) 或通量差分裂，它们都是根据对流通矢量雅可比矩阵的正负特征值构造，为了在特征值 $\hat{\lambda} = 0$ 处，避免出现膨胀激波，以及克服捕捉正激波时容易出现的 Carbuncle 现象，一般需要引入熵修正，下面给出常用的 Harten 熵修正形式 [8]：

$$|\hat{\lambda}| = \begin{cases} |\hat{\lambda}|, & |\hat{\lambda}| \geqslant \delta \\ (\hat{\lambda}^2 + \delta^2)/2\delta, & |\hat{\lambda}| < \delta \end{cases}, \quad 一般取 0.05 \leqslant \delta \leqslant 0.25 \qquad (8\text{-}29)$$

2. 非定常时间的离散

对于非定常问题计算，在时间上可以采用 Jameson 的时间二阶双时间步隐式迭代推进方法。对方程 (8-27) 采用时间二阶精度隐式三点后差离散可写成：

$$\begin{cases} \dfrac{3\boldsymbol{Q}^{n+1}\Omega^{n+1} - 4\boldsymbol{Q}^n\Omega^n + \boldsymbol{Q}^{n-1}\Omega^{n-1}}{2\Delta t} + \boldsymbol{R}(\boldsymbol{Q}^{n+1}) = 0 \\ \boldsymbol{R}(\boldsymbol{Q}) \triangleq \displaystyle\sum_i \left[\boldsymbol{H}(\boldsymbol{Q}) - \boldsymbol{Q}(\boldsymbol{V}_s \cdot \boldsymbol{n}) \right] A_i = 0 \end{cases} \qquad (8\text{-}30)$$

这样在每个时刻都会遇到一线化后的大型稀疏线性方程组，不方便直接求解。Jameson[9] 提出了双时间步 (dual-time-step) 迭代法求解方程 (8-27)。在方程左端增加虚拟时间导数项 $\Omega^{n+1} \cdot \partial \boldsymbol{Q}/\partial \tau$，并将虚拟时间导数进行一阶欧拉隐式离散，得到

$$\Omega^{n+1}\dfrac{\boldsymbol{Q}^{p+1} - \boldsymbol{Q}^p}{\Delta \tau} + \dfrac{3\boldsymbol{Q}^{p+1}\Omega^{n+1} - 4\boldsymbol{Q}^n\Omega^n + \boldsymbol{Q}^{n-1}\Omega^{n-1}}{2\Delta t} + \boldsymbol{R}(\boldsymbol{Q}^{p+1}) = 0$$
$$(8\text{-}31)$$

将非线性项进行线化：

$$\boldsymbol{R}(\boldsymbol{Q}^{p+1}) = \boldsymbol{R}(\boldsymbol{Q}^p) + \boldsymbol{M}(\boldsymbol{Q}^p)\Delta\boldsymbol{Q}^{p+1} + O(\Delta\tau^2) \qquad (8\text{-}32)$$

这里 $M(Q) = \partial R(Q)/\partial Q$，将式 (8-32) 的线化结果代入式 (8-31)，整理后得

$$
\begin{cases}
\{\text{LHS}\}^p \cdot \Delta Q^{p+1} = \{\text{RHS}\}^p \\[2mm]
\{\text{LHS}\}^p \triangleq \Omega^{n+1}\left(1 + \dfrac{3\Delta\tau}{2\Delta t}\right)I + \Delta\tau \cdot M(Q^p) \\[2mm]
\{\text{RHS}\}^p \triangleq -\Delta\tau\left(\dfrac{3Q^p\Omega^{n+1} - 4Q^n\Omega^n + Q^{n-1}\Omega^{n-1}}{2\Delta t} + R(Q^p)\right)
\end{cases}
\tag{8-33}
$$

式中，$\Delta\tau$ 为伪时间推进步长；Δt 为物理时间推进步长；p 为亚迭代指标。与显式方法相比，双时间步隐式迭代推进方法的物理时间推进步长 Δt 可根据物理问题来选取而不受稳定性条件的限制。当 $\Delta Q^{p+1} \to 0$ 时，即令 $Q^{n+1} = Q^{p+1}$，这表明方程 (8-27) 在时间和空间二阶差分精度的意义上得到满足。

3. 边界条件

对于 N-S 方程而言，壁面速度应满足无滑移条件

$$
V_{\text{ghost}} = V_s = U_b + r \times \omega
\tag{8-34}
$$

对于物面压力边界而言，由于物体的运动使得在处理物面压力边界时需要加入由于物面的刚性运动导致的流体离心力的影响，此时物面的法向梯度就不再为零，需要从中引入离心力 a_{cell} 的作用，所以有如下的压力边界条件

$$
\left.\frac{\partial p}{\partial n}\right|_{\text{ghost}} = -\rho_{\text{cell}}\left(a_{\text{cell}} \cdot n\right)
\tag{8-35}
$$

物面温度边界条件

$$
\text{等温壁}: T_{\text{ghost}} = \text{const}, \quad \text{绝热壁}: \partial T/\partial n|_w = 0
\tag{8-36}
$$

4. 动网格下的几何守恒律

动网格计算需要保证网格的几何守恒律 (GCL)，否则会导致守恒性的破坏。因此，对于动网格下的控制方程，需要选取合适的方法来求解 V_s，使其满足几何守恒律。一般可以这样给出：

$$V_{s,j} = \frac{\Delta\Omega_j}{\Delta t \cdot A_j} \tag{8-37}$$

式中，$\Delta\Omega_j$ 是第 j 个界面在运动过程中扫过的体积；A_j 是该界面的面积。

上述求解方法既可以应用于 N-S 方程的求解，也可以应用于其在非惯性系下数学变形式的求解。

8.5 湍流模型问题

以上在层流情况下，我们给出飞行器运动和流动耦合的完整计算方法。但在很多实用情况下，流动是湍流，因此有必要讨论湍流的计算。利用 N-S 方程的直接模拟 (DNS) 和大涡模拟 (LES) 方法解决湍流计算，现在实用上尚有困难，一般采用雷诺平均 N-S 方程 (RANS)，这里常用的有 Baldwin-Lomax 的零方程模型 [10,11]，有 Spalart-Allmaras 的一方程模型 [12]，Wilcox 的 $K\text{-}\omega$ 二方程模型 [13] 和 Menter 的 SST(shear stress transfer) 二方程模型等 [14]。对于有分离的流动，是 Spalart 的脱体涡模拟方法 (detached-eddy simulation, DES)。这类方法以后又得到了发展，Spalart 提出了延迟 DES 方法的 DDES(delayed detached eddy simulation)[15]，又有人作了改进，提出了 IDDES (improved delayed detached eddy simulation)[16]。作湍流计算可以选用上面所述的各种模型。例如，对于有逆压区的湍流运动，我们可选用在 SST 上发展的 IDDES 模式 [17]。

8.6　运动与流动耦合的数值过程

8.4 节和 8.5 节先后介绍了求解飞行运动–动力学方程的数值方法和求解流动 N-S 方程的数值方法。下面给出采用非结构动网格技术求解流场并耦合飞行力学方程的基本步骤。

第一步：假定飞行器初始时刻静止于某一飞行姿态，其运动学参数为 $\psi^0, \theta^0, \gamma^0, \omega^0$，生成初始时刻的流场计算网格 Mesh^0，然后求解一个定常流场得到初始时刻的气动力 F^0，力矩 M^0；并令 $n=0$；

第二步：将 F^n, M^n 代入离散的运动动力方程，计算出 $n+1$ 时刻的运动学参数

$$\left(\psi^{n+1}, \theta^{n+1}, \gamma^{n+1}, \omega^{n+1}\right) = g\left(\psi^n, \theta^n, \gamma^n, \omega^n, F^n, M^n, t\right)$$

第三步：根据 $n+1$ 时刻的运动学参数 $(\psi^{n+1}, \theta^{n+1}, \gamma^{n+1})$，采用相应的动网格方法生成 $n+1$ 时刻的流场计算网格 Mesh^{n+1}，并对网格进行优化；

第四步：利用双时间步在 Mesh^n 和 Mesh^{n+1} 之间求解 N-S 方程，得到 $n+1$ 时刻的气动力 F^{n+1}，力矩 M^{n+1}；

第五步：时间推进一步 $t = t + \mathrm{d}t$，如果已经达到计算时间要求，计算停止；否则令 $n = n+1$，转向第二步。

本节分别给出了求解飞行器运动动力学的数值方法，以及采用非定常动网格技术求解 N-S 方程的数值方法。最后给出求解运动和流动耦合问题的一般步骤。

参 考 文 献

[1]　沈青. 稀薄气体动力学. 北京：国防工业出版社, 2003.

[2]   White F M. Fluid Mechanics. 4th ed. NewYork: McGraw Hill, 2001.

[3]   张兆. 飞行器运动与 Navier-Stokes 方程耦合的数值模拟与物理分析. 绵阳: 中国空气动力研究与发展中心, 2010.

[4]   张来平. 计算流体力学网格生成技术. 北京: 科学出版社, 2016.

[5]   Liu X Q, Qin N, Xia H. Fast dynamic grid deformation based on Delaunay graph mapping. Journal of Computational Physics, 2006, 211:405-442.

[6]   Thompson J F, Soni B K, Weatherill N P. Handbook of grid generation. Boca Raton: CRC Press, 1999.

[7]   张涵信, 沈孟育. 计算流体力学——差分方法的原理和应用. 北京: 国防工业出版社, 2003.

[8]   Toro E F. Riemann Solvers and Numerical Methods for Fluid Dynamics. Berlin: Springer Press, 1999.

[9]   Jameson A. Time dependent calculations using multigrid with application to unsteady flows past airfoils and wings. AIAA, 1991: 91-1596.

[10] Baldwin B S, Lomax H. Thin layer approximation and algebra model for separated turbulent flows. AIAA, 1978: 78-257.

[11] Davis D, Gessner F, Kerlick G. Experimental and numerical investigation of supersonic flow through a square duct. AIAA, 1985: 85-1622.

[12] Spalart P R, Allmaras S R. A one equation turbulence model for aerodynamic flows. AIAA, 1992: 92-6439.

[13] Wilcox D C, Traci R M. Turbulence modeling for CFD. 2nd ed. La Canada: DCW Industry INC, 1998.

[14] Menter F R. Zonel two-equation k-ω turbulence models for aerodynamic flows. AIAA, 1993: 93-2906.

[15] Spalart P R, Deck S, Shur M L, et al. A new version of detached eddy simulation resistant to ambiguous grid densities. Theoretical and Computational Fluid Dynamic, 2006, 20(3): 181-195.

[16] Shur M L, Spalart P R. A hybrid RANS-LES approach with delayed DES and well modelled LES capabilities. International Journal of Heat and Fluid Flow,

2008, 29, 1638-1649.

[17] Gritskevich M S , Garbaruk A V , Jochen Schütze, et al. Development of DDES and IDDES Formulations for the k-ω Shear Stress Transport Model. Flow, Turbulence and Combustion, 2012, 88(3):431-449.

第9章 强迫俯仰拉起的滚动问题

9.1 引　言

从本章开始,我们将研究扩充到多自由度运动。又为了不太复杂,把自由度扩充到两个。现在把出发的方程及坐标系作说明,首先给出飞行力学方程。

设飞行器为左右对称体,O 为其质心,x 轴在对称面上过质心且指向前方 (即飞行方向) 为正;y 轴在对称面上过质心指向机体上方为正;z 轴过质心与 x 轴,y 轴构成右手系,如图 8-1 所示。x_t 轴,y_t 轴,z_t 轴固连在机体上与机体一起运动。再设 $(x_d\text{-}y_d\text{-}z_d)$ 为大地惯性坐标系。两个坐标系之间的变换关系为:① 绕 y_d 轴偏航 ψ, $(x_d, y_d, z_d) \Rightarrow (x', y_d, z')$;② 绕 z' 轴俯仰 θ, $(x', y_d, z') \Rightarrow (x, y', z')$;③ 绕 x 轴滚转 γ, $(x, y', z') \Rightarrow (x, y, z)$。这里的 ψ, θ, γ 分别称为偏航角、俯仰角、滚转角,如图 8-2 所示。

飞行器的飞行可用质心沿三个方向的移动速度 $\vec{v}\,(v_x, v_y, v_z)$ 和绕三个轴的转动角速度 $\boldsymbol{\omega}\,(\omega_x, \omega_y, \omega_z)$ 来描述。一般常定义攻角、侧滑角和滚转角来表述,如图 8-2 所示。攻角 α、侧滑角 β 的定义为

$$\alpha = \arctan\left(-\frac{v_y}{v_x}\right) \tag{9-1}$$

$$\beta = \arcsin\left(\frac{v_z}{V}\right) \tag{9-2}$$

根据第 8 章的研究,若飞行器质心移动速度是均匀的,三个方向的约束力 C_x、C_y、C_z(阻力、侧力、升力系数) 为零,推力系数 C_p 为零,不

考虑重力的影响，则飞行器的动力学方程 (8-18) 可描述如下

$$
\begin{cases}
\dfrac{\mathrm{d}\alpha}{\mathrm{d}t} = \omega_z + (\omega_y \sin\alpha - \omega_x \cos\alpha)\tan\beta \\[2mm]
\dfrac{\mathrm{d}\beta}{\mathrm{d}t} = \omega_y \cos\alpha + \omega_x \sin\alpha \\[2mm]
\dfrac{\mathrm{d}\gamma}{\mathrm{d}t} = \omega_x - \dot{\psi}\sin\theta \\[2mm]
\dfrac{\mathrm{d}\theta}{\mathrm{d}t} = \omega_y \sin\gamma + \omega_z \cos\gamma \\[2mm]
\dfrac{\mathrm{d}\psi}{\mathrm{d}t} = \dfrac{1}{\cos\theta}(\omega_y \cos\gamma - \omega_z \sin\gamma) \\[2mm]
\dfrac{\mathrm{d}\omega_x}{\mathrm{d}t} = \alpha_x \cdot \omega_y \omega_z + m_x \\[2mm]
\dfrac{\mathrm{d}\omega_y}{\mathrm{d}t} = \alpha_y \cdot \omega_x \omega_z + m_y \\[2mm]
\dfrac{\mathrm{d}\omega_z}{\mathrm{d}t} = \alpha_z \cdot \omega_x \omega_y + m_z
\end{cases}
\tag{9-3}
$$

这里假定飞行器是左右对称的，x, y, z 为主轴坐标系，因此 x-y、x-z 和 y-z 方向的惯性积为零，且系数为

$$
\alpha_x = \frac{(I_y - I_z)}{I_x}, \quad \alpha_y = \frac{(I_z - I_x)}{I_y}, \quad \alpha_z = \frac{(I_x - I_y)}{I_z}
\tag{9-4}
$$

式中，I_x、I_y、I_z 分别为绕 x 轴、y 轴、z 轴的转动惯量；$m_x = \dfrac{M_x}{I_x}$，$m_y = \dfrac{M_y}{I_y}$，$m_z = \dfrac{M_z}{I_z}$；M_x、M_y、M_z 分别是绕 x 轴、y 轴、z 轴包含控制力矩在内的总的气动力矩，这些气动力矩只有靠飞行力学方程和气动 N-S 方程耦合求解得到。

接下来转到临近空间高超声速机动飞行，它有以下特征 [1-6]：① 由于飞行器比较细长，绕轴向 x 的转动惯量 I_x 远小于与之垂直的其他两个方向 y、z 的转动惯量 I_y、I_z，即 $I_x < I_y$, $I_x < I_z$，但 $I_x \sim I_y - I_z$；② 由于这个原因，只要横向有不对称的力矩 (例如，边界层不对称转捩，底

部分离和激波相互干扰引起的横向不对称力矩),哪怕是很小,也会引起滚动,所以与飞行相关的滚动问题特别突出;③ 机动飞行时,总会有俯仰拉起的飞行阶段,滚动和拉起的耦合,其效应是人们希望知道的;④ 飞行高度为 40~60km,大气的密度要小于海平面大气密度的 3‰,飞行动压 (如 $Ma = 20$) 小于 6900Pa,气动力矩较小,不取决于动压的惯性力矩已不能被忽略。前面我们已研究了单自由度滚动,本章在偏航角为零的情况下,研究俯仰拉起和滚动耦合。研究给出了判定动稳定性的判则,并和实验作了对比,一致性是满意的。

9.2 俯仰拉起速度已知、滚动运动耦合的动稳定性

设 θ、γ 为俯仰角和滚转角,此处仅考虑偏航角及其对时间的变化率为零,即 $\psi = \dot{\psi} = 0$ 的情况。此时有

$$\omega_y \omega_z = \omega_z^2 \tan\gamma \qquad (9\text{-}5)$$

$$\frac{\mathrm{d}\theta}{\mathrm{d}t} = \frac{\omega_z}{\cos\gamma} \qquad (9\text{-}6)$$

并有以下飞行力学方程 [1,7,8]:

$$\begin{cases} \dfrac{\mathrm{d}\gamma}{\mathrm{d}t} = \omega_x \\[2mm] \dfrac{\mathrm{d}\omega_x}{\mathrm{d}t} = \dfrac{1}{2}\alpha_x \dot{\theta}^2 \sin(2\gamma) + m_x \end{cases} \qquad (9\text{-}7)$$

式中,$\dot{\theta}$ 是俯仰角的变化率 $\dfrac{\mathrm{d}\theta}{\mathrm{d}t}$,这里假定是已知的;$\omega_x$ 是绕 x 轴的角速度;$\alpha_x = \dfrac{(I_y - I_z)}{I_x}$;$m_x = \dfrac{M_x}{I_x}$,$M_x$ 是绕 x 轴包含控制力矩在内的总的气动力矩。

本节我们研究俯仰拉起即 $\left(\dfrac{\mathrm{d}\theta}{\mathrm{d}t}\right)^2 > 0$ 的贡献。我们会得到一个结

论，它会产生滚动不稳定性。超声速飞机快速拉起的滚动失稳也是出于这一原因。

假设力矩 $m_x = m_x\,(\gamma, \omega_x)$ 在状态 $\gamma = 0$、$(m_x)_0 = 0$ 附近可近似采用以下公式计算

$$m_x = \left(\frac{\partial m_x}{\partial \gamma}\right)_0 \gamma + \left(\frac{\partial m_x}{\partial \omega_x}\right)_0 \omega_x + \cdots$$

则式 (9-7) 给出

$$
\begin{cases}
\dfrac{\mathrm{d}\gamma}{\mathrm{d}t} = \omega_x \\[2mm]
\dfrac{\mathrm{d}\omega_x}{\mathrm{d}t} = \alpha_x \dot{\theta}^2 \gamma + m_x^\gamma \cdot \gamma + m_x^{\omega_x} \cdot \omega_x
\end{cases}
$$

这里下标 "0" 被略去，$\dfrac{\partial m_x}{\partial \gamma}$ 写成 m_x^γ，$\dfrac{\partial m_x}{\partial \omega_x}$ 写成 $m_x^{\omega_x}$。该式可进一步写成

$$\frac{\mathrm{d}}{\mathrm{d}t}\begin{pmatrix} \gamma \\ \omega_x \end{pmatrix} = \begin{pmatrix} 0 & 1 \\ \alpha_x \dot{\theta}^2 + m_x^\gamma & m_x^{\omega_x} \end{pmatrix}\begin{pmatrix} \gamma \\ \omega_x \end{pmatrix} \tag{9-8}$$

现作稳定性分析 [9-12]，式 (9-8) 右端矩阵的特征方程是

$$\lambda^2 + b_1 \lambda + b_2 = 0 \tag{9-9}$$

式中，

$$
\begin{cases}
b_1 = -m_x^{\omega_x} \\[2mm]
b_2 = -\left(\alpha_x \dot{\theta}^2 + m_x^\gamma\right)
\end{cases}
\tag{9-10}
$$

当 $b_1 > 0$ 和 $b_2 > 0$，俯仰与滚动运动是稳定的。因此由 $b_1 > 0$ 和 $b_2 > 0$ 可得稳定条件为

$$m_x^{\omega_x} < 0, \quad \alpha_x \dot{\theta}^2 + m_x^\gamma < 0 \tag{9-11}$$

如果 $\alpha_x \dot{\theta}^2 + m_x^\gamma > 0$，是不稳定的。这也就是说，如果给出 m_x^γ，一个临界值 $\alpha_x \dot{\theta}_*^2 = -m_x^\gamma$ 存在，当 $\alpha_x \dot{\theta}^2 < \alpha_x \dot{\theta}_*^2$ 时，$\dot{\gamma}^2$ 随 t 增大而减小，趋于点吸引子；当 $\alpha_x \dot{\theta}^2 > \alpha_x \dot{\theta}_*^2$ 时，$\dot{\gamma}^2$ 随 t 增大而增大，导致发散。

其实上面稳定性判则可由一维滚动的判则得到。事实上，如果令式 (9-8) 中的 $m_x + \alpha_x\dot{\theta}^2\gamma = \bar{m}_x$，把 $\bar{m}_x$ 视为一维问题的 m_x，那么就可得到：当 $\bar{m}_x^\gamma = m_x^\gamma + \alpha_x\dot{\theta}^2 < 0$，$\bar{m}_x^{\dot\gamma} < 0$ 时，运动是点吸引子；当 $\bar{m}_x^\gamma = m_x^\gamma + \alpha_x\dot{\theta}^2 < 0$，$\bar{m}_x^{\dot\gamma} \geqslant 0$ 时，运动是周期吸引子；当 $\bar{m}_x^\gamma = m_x^\gamma + \alpha_x\dot{\theta}^2 > 0$，运动是不稳定的。

如果因飞行器烧蚀，层流到湍流转捩或尾翼作用等因素，在 $\gamma = 0$ 点可能出现 m_x 不为零的常值项 $(m_x)_0$[13]，此时 $m_x = (m_x)_0 + \left(\dfrac{\partial m_x}{\partial \gamma}\right)_0 \gamma + \left(\dfrac{\partial m_x}{\partial \omega_x}\right)_0 \omega_x$，于是有

$$\frac{\mathrm{d}\gamma}{\mathrm{d}t} = \omega_x$$

$$\frac{\mathrm{d}\omega_x}{\mathrm{d}t} = \left[\alpha_x\dot{\theta}^2 + (m_x^\gamma)_0\right]\gamma + (m_x)_0 + \left(\frac{\partial m_x}{\partial \omega_x}\right)_0 \dot{\gamma}$$

引入 $\xi = \gamma + \dfrac{(m_x)_0}{\alpha_x\dot{\theta}^2 + (m_x^\gamma)_0}$，则

$$\frac{\mathrm{d}\xi}{\mathrm{d}t} = \omega_x$$

$$\frac{\mathrm{d}^2\xi}{\mathrm{d}t^2} = \left[\alpha_x\dot{\theta}^2 + (m_x^\gamma)_0\right]\xi + \left(\frac{\partial m_x}{\partial \omega_x}\right)_0 \dot{\xi}$$

该式和式 (9-8) 形式上相同，因此稳定条件 (9-11) 仍适用*。此时飞行器处于偏斜姿态，偏滚角为

$$\gamma_0 = -\frac{(m_x)_0}{\alpha_x\dot{\theta}^2 + (m_x^\gamma)_0} \tag{9-12}$$

式 (9-12) 表明，面对称的飞行器因出现面不对称的力矩，飞行器如果满足滚动稳定性条件 (9-11)，它将稳定在偏斜的位置。例如，向左偏斜，我们要求飞行器能够回中，这就要加向右的控制力矩，致使飞行滚

---

* 在上面的分析中用的是 m_x^γ，而在工程应用中常使用的是 m_x^β，两者的近似关系是：$m_x^\gamma = \alpha m_x^\beta$。

动回中。如果加的力矩太大，它又将会右偏，这时再加向左回中的力矩。总之，通过控制，飞行的运动将会来回偏滚，最后达到接近面对称的位置，这种控制运动的图像，已被虚拟飞行实验所证实。图 9-1 是中国空气动力研究与发展中心低速所的滚动限制实验结果 [14]，也和飞行实验所经历的控制曲线一致。

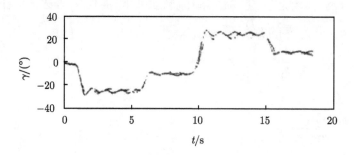

图 9-1　滚动限制实验时间历程

9.3　小　　结

本章在偏航角为零，但存在侧滑、俯仰和滚动的条件下，研究了强迫俯仰与滚动的耦合运动，得到了如下结论。

(1) 对于面对称的飞行器，如果对称面处的滚动力矩为零，则滚动平衡的位置为 $\gamma_0 = 0$ 的对称面。如果因流动转捩、激波边界干扰、分离或烧蚀等因素引起的不对称，则滚动平衡的位置为 $\gamma_0 \neq 0$，即出现偏滚，本章给出了偏滚位置的计算公式。

(2) 对于滚动平衡位置 γ_0，本章给出滚动拉起条件下的稳定条件：$\alpha_x \dot{\theta}^2 + (m_x^\gamma)_0 < 0, (m_x^{\omega_x})_0 < 0$。如果此条件满足，在 γ_0 处，滚动是点吸引子；如果 $\alpha_x \dot{\theta}^2 + (m_x^\gamma)_0 < 0, (m_x^{\omega_x})_0 \geqslant 0$，则开始出现极限环。

(3) 强迫拉起可分成三个性质不同的区域。如果强迫拉起速度极小，此时飞行器动稳定性的性状和固定攻角情况相同；如果 $\alpha_x \dot{\theta}^2 + (m_x^\gamma)_0 > 0$，不论动态导数为何，滚动都是发散的；如果 $\alpha_x\dot{\theta}^2 + (m_x^\gamma)_0 < 0$，但其绝对值不是远小于零，随 $\alpha_x\dot{\theta}^2 + (m_x^\gamma)_0$ 的绝对值的减小，滚动的振幅增大，频率减小。

(4) 实际的面对称飞行器，可能难以保证对称面上的力矩为零，因此是处于偏滚状态，我们要求它满足滚动稳定条件。对飞行器位置回中的要求，控制力矩作用的结果使滚动曲线的历程来回摆动，最后回中。

(5) 本章的解析分析与实验作了对比，结果是一致的。

参 考 文 献

[1] 高浩, 朱培申, 高正红. 高等飞行动力学. 北京: 国防工业出版社, 2004.

[2] Anderson J D. Hypersonic and High Temperature Gas Dynamic. New York: McGraw-Hill Book Company, 1989.

[3] Hu R F, Wu Z N, Wu Z, et al. Aerodynamic map for soft and hard hypersonic level flight in near space. Acta Mechanica, 2009, 25(4): 571-575.

[4] 张洪. 飞机大迎角飞行稳定判据分析. 飞行力学, 1987, (3): 50-57.

[5] 张维, 符松, 章光华, 等. 普朗特纪念报告译文集——一部哥廷根学派的力学发展史. 北京: 清华大学出版社, 2013.

[6] Г.С. 比施根斯. 超声速飞机空气动力学和飞行力学. 郭桢译. 上海: 上海交通大学出版社, 2009.

[7] 张兆. 飞行器运动与 Navier-Stokes 方程耦合的数值模拟与物理分析. 绵阳: 中国空气动力研究与发展中心, 2010.

[8] Etkin B. 大气飞行动力学. 北京: 科学出版社, 1979: 147-158.

[9] 田浩. 三维可压缩流动的非定常分离及飞行器运动/流动耦合的非线性动态稳定性. 绵阳: 中国空气动力研究与发展中心, 2015.

[10] 张锦炎. 常微分方程几何理论与分支问题. 北京: 北京大学出版社, 1981.

[11] Zhang H X, Zhang Z, Yuan X X, et al. Physical analysis and numerical simulation for the dynamic behaviour of vehicles in pitching oscillations or rocking motions. Science in China Series E: Technological Sciences, 2007, 50(4): 385-401.

[12]　钱伟长. 应用数学. 合肥：安徽科学技术出版社, 1993.

[13]　Ye Y D, Tian H, Zhang X F. The stability of rolling motion of hypersonic vehicles with slender configuration under pitching maneuvering. Sci China-Phys Mech Astron, 2015, 58: 054701.

[14]　郭林亮. 低速风洞虚拟飞行引导性试验. 低速气动力快报, 2014: 8.

第10章　偏航为零时俯仰与滚动耦合的稳定性分析

10.1　引　　言

如第 9 章所述，临近空间 (飞行空域为 20~100km) 高超声速机动飞行器，有以下特征 [1-3]：① 由于飞行器比较细长，其质量向体轴集中，绕轴向 x 的转动惯量 I_x 远小于与之垂直的其他两个方向 y、z 的转动惯量 I_y、I_z，即 $I_x < I_y$, $I_x < I_z$, $I_x \sim I_y - I_z$。② 由于这个原因，只要横向有不对称的力矩，就可引起滚动。低跨声速时由于头部出现非对称分离，高速时由于分离和激波的不对称干扰，会产生左右不对称的涡，因而会产生左右交变的滚转力矩，所以与飞行相关的滚动问题特别突出。③ 机动飞行时，总会有俯仰拉起的飞行阶段，由角运动而产生惯性力矩。在高空大气密度很小，惯性力矩与取决于大气密度的空气动力力矩相比越来越重要。惯性力矩会使飞行过程中的快速拉起和滚动耦合，产生惯性耦合发散，这是特别要注意的。④ 飞行实验表明，常因俯仰快速拉起出现急滚发散情况。例如，X-43A 第一次发射实验 [4]，当飞行器的速度还未达到超声速时，因飞行器开始上仰，出现频率为 2.5Hz 的滚转振荡 [5,6]；HTV-2 第一次的实验也在拉起机动阶段出现滚动振荡。其实拉起滚动耦合问题早已被飞行力学家关注，文献 [1] 指出："当飞机为空战需要做急滚拉起时发生惯性耦合的发散运动，多次撕掉垂直尾翼失事的事故"。飞行和气动工作者对急滚也做过不少研究 [7-9]。在真实情况下，上述现象中俯仰、滚动和偏航是耦合在一起发生的，地面实验很难进行。在

我国，现还只能对偏航为零的情况做实验研究。因此，我们希望能给出计算和理论结果，两者作对比分析，这就是本章的目的。本章首先介绍了研究的出发方程，然后对偏航为零的二维俯仰拉起的滚动稳定性问题作详细的分析。

10.2　出　发　方　程

本章的出发方程是从式 (9-1) 简化得到。$\dot{\gamma}$、$\dot{\theta}$、$\dot{\psi}$ 分别是滚转角、俯仰角和偏航角随时间的变化率。力矩系数除来流参数外，它们分别取决于 α、β 和 γ 及其变化率。方程 (9-3) 由八个方程组成，其未知量为 α、β、γ、θ、ψ、ω_x、ω_y、ω_z，共八个，但方程中 m_x、m_y、m_z 是气动力矩系数，它需用流动非定常 N-S 方程计算给出。在下面的进一步稳定性分析中，我们假定力矩系数是已知的。这样方程是封闭的。在机动飞行中，同时满足这八个量的实验很难做。目前我们在俯仰、滚动情况下，正在做无偏航即做 $\dot{\psi} = 0$ 的动态实验。理论工作希望也按此条件进行，由此可得

$$\begin{cases} \dfrac{\mathrm{d}\gamma}{\mathrm{d}t} = \omega_x \\[2mm] \omega_y \omega_z = \omega_z^2 \tan\gamma \\[2mm] \dfrac{\mathrm{d}\theta}{\mathrm{d}t} = \dfrac{\omega_z}{\cos\gamma} \end{cases} \tag{10-1}$$

由方程 (9-3) 可以得到考虑俯仰与滚动耦合的方程组：

$$\begin{cases}\dfrac{\mathrm{d}\alpha}{\mathrm{d}t} = \omega_z + (\omega_y \sin\alpha - \omega_x \cos\alpha)\tan\beta \\[2mm] \dfrac{\mathrm{d}\beta}{\mathrm{d}t} = \omega_y \cos\alpha + \omega_x \sin\alpha \\[2mm] \dfrac{\mathrm{d}\gamma}{\mathrm{d}t} = \omega_x \\[2mm] \dfrac{\mathrm{d}\omega_x}{\mathrm{d}t} = \alpha_x \cdot \omega_z^2 \tan\gamma + m_x \\[2mm] \dfrac{\mathrm{d}\omega_y}{\mathrm{d}t} = \alpha_y \cdot \omega_x\omega_z + m_y \\[2mm] \dfrac{\mathrm{d}\omega_z}{\mathrm{d}t} = \alpha_z \cdot \omega_x\omega_y + m_z \end{cases} \tag{10-2}$$

且

$$\frac{\mathrm{d}\theta}{\mathrm{d}t} = \frac{\omega_z}{\cos\gamma} \tag{10-3}$$

在 $\dot\psi = 0$ 的情况下，第 9 章我们假定 $\dfrac{\mathrm{d}\theta}{\mathrm{d}t}$ 是已知的。其实由式 (10-2) 和式 (10-3) 可知，$\dfrac{\mathrm{d}\theta}{\mathrm{d}t}$ 是可以计算给出的。此时滚转角和滚转角速度可用以下方程给出：

$$\begin{cases}\dfrac{\mathrm{d}\gamma}{\mathrm{d}t} = \omega_x \\[2mm] \dfrac{\mathrm{d}\omega_x}{\mathrm{d}t} = \dfrac{1}{2}\alpha_x \dot\theta^2 \sin 2\gamma + m_x = \bar{m}_x \end{cases} \tag{10-4}$$

这和第 9 章强迫拉起的滚动方程形式上相同，但第 9 章 $\dot\theta$ 假定是已给的，而这里是待求的。

因大气密度小，采用以下近似表达气动力矩：

$$\begin{cases} m_x = \left(\dfrac{\partial m_x}{\partial \gamma}\right)_0 \gamma + \left(\dfrac{\partial m_x}{\partial \omega_x}\right)_0 \omega_x = m_x^\gamma \gamma + m_x^{\omega_x}\omega_x \\[3mm] m_y = \left(\dfrac{\partial m_y}{\partial \beta}\right)_0 \beta + \left(\dfrac{\partial m_y}{\partial \omega_y}\right)_0 \omega_y = m_y^\beta \beta + m_y^{\omega_y}\omega_y \\[3mm] m_z = \left(\dfrac{\partial m_z}{\partial \alpha}\right)_0 \alpha + \left(\dfrac{\partial m_z}{\partial \omega_z}\right)_0 \omega_z = m_z^\alpha \alpha + m_z^{\omega_z}\omega_z \end{cases} \tag{10-5}$$

这里下标 "0" 被略去，$\dfrac{\partial m_x}{\partial \gamma}$ 写成 m_x^{γ}，$\dfrac{\partial m_x}{\partial \omega_x}$ 写成 $m_x^{\omega_x}$，$\dfrac{\partial m_y}{\partial \beta}$ 写成 m_y^{β}，$\dfrac{\partial m_y}{\partial \omega_y}$ 写成 $m_y^{\omega_y}$，$\dfrac{\partial m_z}{\partial \alpha}$ 写成 m_z^{α}，$\dfrac{\partial m_z}{\partial \omega_z}$ 写成 $m_z^{\omega_z}$。式 (10-2) 可写成

$$
\frac{\mathrm{d}}{\mathrm{d}t}
\begin{pmatrix}
\gamma \\ \omega_x \\ \alpha \\ \beta \\ \omega_y \\ \omega_z
\end{pmatrix}
=
\begin{pmatrix}
0 & 1 & 0 & 0 & 0 & 0 \\
\alpha_x \dot{\theta}^2 + m_x^{\gamma} & m_x^{\omega_x} & 0 & 0 & 0 & 0 \\
0 & 0 & 0 & -\dot{\gamma} & 0 & 1 \\
0 & 0 & \dot{\gamma} & 0 & 1 & 0 \\
0 & 0 & 0 & m_y^{\beta} & m_y^{\omega_y} & \alpha_y \dot{\gamma} \\
0 & 0 & m_z^{\alpha} & 0 & \alpha_z \dot{\gamma} & m_z^{\omega_z}
\end{pmatrix}
\begin{pmatrix}
\gamma \\ \omega_x \\ \alpha \\ \beta \\ \omega_y \\ \omega_z
\end{pmatrix}
$$

$$\tag{10-6}$$

上式右端矩阵的特征值方程是

$$\left(\lambda^2 + \alpha_1 \lambda + \alpha_2\right) \cdot \left(\lambda^4 + b_1 \lambda^3 + b_2 \lambda^2 + b_3 \lambda + b_4\right) = 0 \tag{10-7}$$

式中

$$
\begin{aligned}
\alpha_1 &= -m_x^{\omega_x} \\
\alpha_2 &= -\left(\alpha_x \dot{\theta}^2 + m_x^{\gamma}\right) \\
b_1 &= -\left(m_y^{\omega_y} + m_z^{\omega_z}\right) \\
b_2 &= m_y^{\omega_y} m_z^{\omega_z} - \left(m_y^{\beta} + m_z^{\alpha}\right) + (1 - \alpha_y \alpha_z) \omega_x^2 \\
b_3 &= m_y^{\beta} m_z^{\omega_z} + m_y^{\omega_y} m_z^{\alpha} - \left(m_y^{\omega_y} + m_z^{\omega_z}\right) \omega_x^2 \\
b_4 &= -\left(\alpha_z \omega_x^2 - m_z^{\alpha}\right)\left(\alpha_y \omega_x^2 + m_y^{\beta}\right) + m_y^{\omega_y} m_z^{\omega_z} \omega_x^2
\end{aligned}
$$

由式 (10-7)，可导出

$$\lambda^2 + \alpha_1 \lambda + \alpha_2 = 0 \tag{10-8}$$

$$\lambda^4 + b_1 \lambda^3 + b_2 \lambda^2 + b_3 \lambda + b_4 = 0 \tag{10-9}$$

式 (10-8) 给出方程 (10-4) 两式表示的俯仰与滚动的关系，即形式上同第 9 章强迫拉起的滚动方程，式 (10-9) 给出方程 (10-2) 其他四式的

关系，现分别讨论它们代表的运动稳定性特征。

1. 关于式 (10-8)

当滚转阻尼导数

$$m_x^{\omega x} < 0 \tag{10-10}$$

时，$\alpha_1 > 0$。另当

$$\dot{\theta}^2 < -\frac{I_x}{I_y - I_z} m_x^\gamma \tag{10-11}$$

时，$\alpha_2 > 0$(这里假设 $I_y - I_z > 0$)。

式 (10-10) 和式 (10-11) 是在滚动情况下俯仰拉起的稳定条件。根据文献 [10] 的分析，当式 (10-10) 或式 (10-11) 中任一条件不满足时，运动状态经扰动后就变得不稳定。如果认为耗散系统式 (10-10) 恒成立，那么不稳定条件是

$$\dot{\theta}^2 > -\frac{I_x}{I_y - I_z} m_x^\gamma \tag{10-12}$$

2. 关于式 (10-9)

根据文献 [11]~[13]，当运动的阻尼导数 $m_y^{\omega y} < 0$、$m_z^{\omega z} < 0$，即 $m_y^{\omega y} + m_z^{\omega z} < 0$；又当运动处于静稳定状态，$m_y^\beta < 0$、$m_z^\alpha < 0$，即 $m_y^\beta + m_z^\alpha < 0$，根据惯性矩的关系，$\alpha_y > 0$、$\alpha_z < 0$，即 $(1 - \alpha_y \alpha_z) \dot{\gamma}^2 > 0$。这样可知：$b_1 > 0$、$b_2 > 0$、$b_3 > 0$，如果略去 $m_y^{\omega y}$、$m_z^{\omega z}$ 二阶以上的小量，可以证明 $b_1 b_2 b_3 - b_4 b_1^2 - b_3^2 > 0$。于是只要

$$b_4 = \left(\omega_x^2 + \frac{I_z}{I_y - I_x} m_z^\alpha \right) \left(\omega_x^2 + \frac{I_y}{I_z - I_x} m_y^\beta \right) > 0 \tag{10-13}$$

运动稳定所必需的 5 个条件全部满足，于是运动就是稳定的*。b_4 亦可写成

$$b_4 = \left[\omega_x^2 - \min \left(-\frac{I_z}{I_y - I_x} m_z^\alpha, \quad -\frac{I_y}{I_z - I_x} m_y^\beta \right) \right]$$

---

* $\frac{I_z}{I_y - I_x} m_z^\alpha$, $\frac{I_y}{I_z - I_x} m_y^\beta$ 两个量以及稳定作用已由 Phillips 给出。

$$\cdot \left[\omega_x^2 - \max \left(-\frac{I_z}{I_y - I_x} m_z^\alpha, \quad -\frac{I_y}{I_z - I_x} m_y^\beta \right) \right]$$

由式 (10-9) 可得结论: 如果

$$\omega_x^2 < \min \left(-\frac{I_z}{I_y - I_x} m_z^\alpha, \quad -\frac{I_y}{I_z - I_x} m_y^\beta \right) \tag{10-14}$$

则 $b_4 > 0$, 相应的运动是稳定的; 如果 ω_x^2 界于最大和最小之间, 即

$$\min \left(-\frac{I_z}{I_y - I_x} m_z^\alpha, -\frac{I_y}{I_z - I_x} m_y^\beta \right) < \omega_x^2 < \max \left(-\frac{I_z}{I_y - I_x} m_z^\alpha, -\frac{I_y}{I_z - I_x} m_y^\beta \right)$$

则 $b_4 < 0$, 运动是不稳定的; 虽然在理论上, 当

$$\omega_x^2 > \max \left(-\frac{I_z}{I_y - I_x} m_z^\alpha, \quad -\frac{I_y}{I_z - I_x} m_y^\beta \right)$$

时, $b_4 > 0$, 运动也是稳定的。但当 ω_x^2 由小到大过程中, 在达到最大值以前, 运动已发散, 此条件难以发生。因此稳定条件应为式 (10-14)。而

$$\omega_x^2 > \min \left(-\frac{I_z}{I_y - I_x} m_z^\alpha, \quad -\frac{I_y}{I_z - I_x} m_y^\beta \right) \tag{10-15}$$

应为不稳定条件。

综合上述研究, 有以下结果。

在满足阻尼为正和静态稳定以及 $\alpha_x > 0$, $\alpha_y > 0$, $\alpha_z < 0$ 的条件下:

(1) 如果满足

$$\begin{cases} \dot{\theta}^2 < -\dfrac{I_x}{I_y - I_z} m_x^\gamma \\ \dot{\gamma}^2 = \omega_x^2 < \min \left(-\dfrac{I_z}{I_y - I_x} m_z^\alpha, \quad -\dfrac{I_y}{I_z - I_x} m_y^\beta \right) \end{cases} \tag{10-16}$$

运动是稳定的;

(2) 如果出现

$$\dot{\theta}^2 > -\frac{I_x}{I_y - I_z} m_x^\gamma \tag{10-17}$$

或者出现

$$\dot{\gamma}^2 = \omega_x^2 > \min\left(-\frac{I_z}{I_y - I_x}m_z^\alpha, \quad -\frac{I_y}{I_z - I_x}m_y^\beta\right) \tag{10-18}$$

情形，或两种情形同时存在，则运动是不稳定的。

这里让我们更深入的讨论式 (10-8) 和式 (10-9) 的稳定性发展问题。关于式 (10-8)，二阶特征方程的复根是成对的，即复根为 $\alpha(\mu) \pm i\beta(\mu)$，$\mu$ 为物理参量，当它改变时，复根在变化，$\alpha(\mu) = m_x^{\omega_x}$。稳定状态 $\alpha(\mu) = m_x^{\omega_x} < 0$，不稳定状态 $\alpha(\mu) = m_x^{\omega_x} > 0$。当流动达到某参数 μ_0 时，$\alpha(\mu_0) = 0$，$\alpha'(\mu_0) \neq 0$，$\beta(\mu_0) \neq 0$，α' 表示参数变化引起 α 的改变。此时，第 6 章我们给出，运动将变成周期的。

对于式 (10-9)，四阶特征方程也有复特征根产生，此时也有极限环产生，在这种情况下，式 (10-8) 和式 (10-9) 共同给出准周期的形态。

10.3　数值模拟计算问题

在稳定性分析研究中，力矩系数以及它们对攻角 α，滚转角 γ 和偏航角 ψ 的静、动态导数如何计算给出，这里必须说明。为了精确地给出气动系数，必须采用三维非定常 N-S 流动方程与飞行力学方程的耦合计算模拟。因飞行器作机动运动，边界之外的计算网格必须是动态分布的，要注意满足网格守恒条件。其计算的气动方程必须经过动网格的变换，边界条件应该通过特征条件给出，计算方法必须采用高精度的时空变化的高阶方法。对流场的分离、激波、湍流和其他影响必须能准确地计算。特别是流动处于非定常的状态，这方面的要求是极其严格的。目前我们已经有了这种计算能力，发展了可用的计算软件，这方面的内容可参考叶友达的论文 [11]，国内也出现了不少软件。

本章给出了在强迫俯仰条件下非定常 N-S 方程与飞行力学方程耦

合求解的结果。计算采用的是时、空为二阶精度的有限差分法和与物体一起运动的动网格技术,具体计算方法见文献 [14]。这里给出类 HTV-2 外形的几种典型状态计算结果: 图 10-1(a) 是类 HTV-2 外形, 设飞行高度 $H = 40\mathrm{km}$、飞行马赫数 $Ma = 15$, 雷诺数 $Re_\infty = 1.2 \times 10^6/\mathrm{m}$, $\alpha_x = \dfrac{I_y - I_z}{I_x} = 0.65$,并以如下强迫俯仰规律作自由滚动

$$\theta = 5° + 10° \sin\left(\frac{2\pi}{T}t + A\right), \quad \sin A = -\frac{1}{2}, T = 1.8\mathrm{s}$$

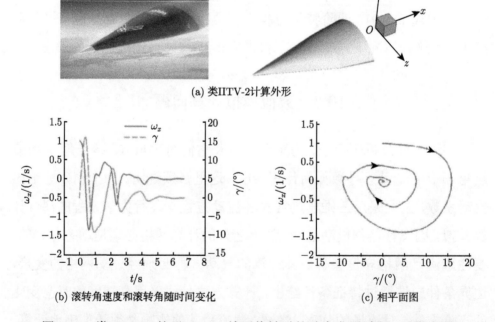

(a) 类ITV-2计算外形

(b) 滚转角速度和滚转角随时间变化　　　　　　(c) 相平面图

图 10-1　类 HTV-2 外形 FLAP 舵无偏转时的动态发展过程 (后附彩图)

该外形在对称面附近滚动是静稳定的, 图 10-1(b)、(c) 是动态模拟结果, 为点吸引子。这种情况, $-\dfrac{I_x}{I_y - I_z}m_x^\gamma = 0.371$, 恰为 $\dot\theta^2$ 的最大值, 满足稳定条件。

对飞行马赫数、雷诺数、α_x 与上相同，此时为左 FLAP 舵有 $10°$ 偏转的情形 (图 10-2)，给定俯仰规律进行滚动计算。此时，滚动在 $\gamma = 0$ 位置是静不稳定的。计算结果给出，当俯仰规律为 $\theta = 10° + 10° \sin\left(\dfrac{2\pi}{T}t + A\right)(\sin A = -1)$ 时，如图 10-3(a) 所示，动态过程为偏滚发散；图 10-3(b) 是俯仰规律为 $\theta = 10° + 5° \sin\left(\dfrac{2\pi}{T}t + A\right)(\sin A = -1)$ 的情况，其动态过程出现偏的单周期吸引子；图 10-3(c) 其俯仰规律为 $\theta = 15° + 10° \sin\left(\dfrac{2\pi}{T}t + A\right)(\sin A = 1)$ 的动态结果，出现双吸引子。对这些情况作理论分析，均表明理论和计算结果是一致的。

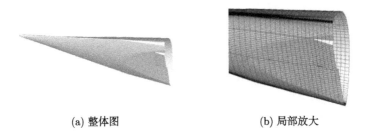

(a) 整体图   (b) 局部放大

图 10-2 类 HTV-2 左 FLAP 舵偏转 $10°$ 时的情形 (后附彩图)

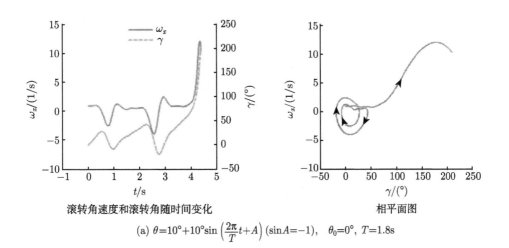

滚转角速度和滚转角随时间变化   相平面图

(a) $\theta = 10° + 10° \sin\left(\dfrac{2\pi}{T}t + A\right)(\sin A = -1)$, $\theta_0 = 0°$, $T = 1.8s$

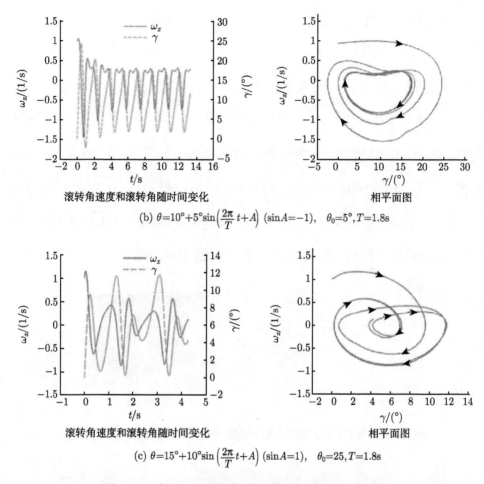

(b) $\theta=10°+5°\sin\left(\dfrac{2\pi}{T}t+A\right)$ $(\sin A=-1)$, $\theta_0=5°, T=1.8\text{s}$

(c) $\theta=15°+10°\sin\left(\dfrac{2\pi}{T}t+A\right)$ $(\sin A=1)$, $\theta_0=25, T=1.8\text{s}$

图 10-3   左 FLAP 舵偏转 10° 时的动态发展过程

10.4   小   结

本章在偏航角为零，但存在侧滑、俯仰和滚动条件下，研究了俯仰与滚动耦合运动的稳定性问题。针对两种情况：强迫俯仰 (式 (10-8) 的分析)，耦合整个运动方程的求解 (式 (10-8) 及式 (10-9) 的分析)，得到了如下结论。

1. 关于强迫俯仰情况

(1) 对于面对称的飞行器, 如果对称面处的滚动力矩为零, 则滚动平衡的位置为 $\gamma_0 = 0$ 的对称面。如果因流动转捩、激波边界干扰、分离或烧蚀等因素引起的不对称, 则滚动平衡的位置为 $\gamma_0 \neq 0$, 即出现偏滚。本章给出了偏滚位置的计算公式。

(2) 对于滚动平衡位置 γ_0, 本章给出滚动拉起条件下的稳定条件: $\alpha_x \dot{\theta}^2 + (m_x^\gamma)_0 < 0$, $(m_x^{\omega_x})_0 < 0$。如果此条件满足, 在 γ_0 处, 滚动是点吸引子; 如果 $\alpha_x \dot{\theta}^2 + (m_x^\gamma)_0 < 0$, $(m_x^{\omega_x})_0 \geqslant 0$, 则开始出现极限环。

(3) 强迫拉起可分成三个性质不同的区域。如果强迫拉起速度极小, 此时飞行器动稳定性的性状和固定攻角情况相同; 如果 $\alpha_x \dot{\theta}^2 + (m_x^\gamma)_0 > 0$, 不论动态导数为何, 滚动都是发散的; 如果 $\alpha_x \dot{\theta}^2 + (m_x^\gamma)_0 < 0$, 但其绝对值不是远小于零, 随 $\alpha_x \dot{\theta}^2 + (m_x^\gamma)_0$ 的绝对值的减小, 滚动的振幅增大, 频率减小。为避免发散情况出现, $\dot{\theta}$ 应小, 或者 $(-m_x^\gamma)$ 应大。

(4) 实际的面对称飞行器, 可能难以保证对称面上的力矩为零, 因此是处于偏滚状态。我们要求它满足滚动稳定条件。对飞行器位置回中的要求, 控制力矩作用的结果使滚动曲线的历程来回摆动, 最后回中。

(5) 用 N-S 方程和飞行力学方程模拟了两者的耦合运动, 给出了典型状态的计算结果, 与理论分析结果的比较是一致的。

2. 对于俯仰、滚动及横侧运动耦合情况

(1) 当以下条件

$$\dot{\theta}^2 < -\frac{I_x}{I_y - I_z} m_x^\gamma$$

$$\omega_x^2 < \min\left(-\frac{I_z}{I_y - I_x} m_z^\alpha, -\frac{I_y}{I_z - I_x} m_y^\beta\right)$$

成立时, 拉起和滚动及横侧运动都是动稳定的。

(2) 当以下条件

$$\dot{\theta}^2 > -\frac{I_x}{I_y - I_z}m_x^\gamma$$

或

$$\omega_x^2 > \min\left(-\frac{I_z}{I_y - I_x}m_z^\alpha, -\frac{I_y}{I_z - I_x}m_y^\beta\right)$$

成立或两式同时成立时，拉起和滚动及横侧运动是动不稳定的。

(3) 两者之间可能有单、双周期运动。

参 考 文 献

[1] 高浩，朱培申，高正红. 高等飞行动力学. 北京: 国防工业出版社，2004.

[2] Anderson J D. Hypersonic and High Temperature Gas Dynamic. New York: McGraw-Hill Book Company, 1989.

[3] Hu R F, Wu Z N, Wu Z, et al. Aerodynamic map for soft and hard hypersonic level flight in near space. Acta Mechanica, 2009, 25(4): 571-575.

[4] Peebles C. 通向马赫数 10 之路: X-43A 飞行研究计划的经验教训. 郑耀，徐徐，译. 北京: 航空工业出版社，2012.

[5] 郭朝邦，贺济洲，李文杰，等. HTV-2 飞行器热防护技术分析. 飞航导弹，2012, (12): 85-88.

[6] 李文杰，牛文. DARPA 披露 HTV-2 第二次试飞评估结论. 飞航导弹，2012, (9): 30-32.

[7] 张洪. 飞机大迎角飞行稳定判据分析. 飞行力学, 1987, (3): 50-57.

[8] 张维，符松，章光华，等. 普朗特纪念报告译文集——一部哥廷根学派的力学发展史. 北京: 清华大学出版社，2013.

[9] Г.C. 比施根斯. 超声速飞机空气动力学和飞行力学. 郭桢译. 上海: 上海交通大学出版社，2009.

[10] Zhang H X, Zhang Z, Yuan X X, et al. Physical analysis and numerical simulation for the dynamic behaviour of vehicles in pitching oscillations or rocking motions. Science in China Series E:Technological Sciences, 2007, 50(4): 385-401.

[11] Ye Y D, Tian H, Zhang X F. The stability of rolling motion of hypersonic vehicles with slender configuration under pitching maneuvering. Sci China-Phys Mech Astron, 2015, 58: 054701.

[12] 田浩. 三维可压缩流动的非定常分离及飞行器运动/流动耦合的非线性动态稳定性. 绵阳: 中国空气动力研究与发展中心, 2015.

[13] 钱伟长. 应用数学. 合肥: 安徽科学技术出版社, 1993.

[14] 张现峰. 高超声速飞行器动态特性研究. 绵阳: 中国空气动力研究与发展中心, 2012.

第11章 飞行器俯仰、偏航、滚动三自由度耦合的动稳定性初步研究

11.1 引 言

临近空间高超声速飞行器因质量向体轴集中,易诱发滚动。因飞行高度高,空气密度低,气动力矩小,气动耦合力矩也应该考虑。飞行过程中,俯仰是不可无的,滚动被诱发,也易产生偏航,因此一般运动是三维的。在第 $7 \sim 10$ 章内,我们分析研究了一维俯仰、一维滚动的情况,还研究了俯仰拉起诱发滚动的情况,研究指出俯仰拉起是滑翔飞行器滚动失稳的重要原因。我们在偏航为零的情况下研究了俯仰、滚动和横偏运动的情况,给出了稳定条件即急滚的发展。这一章我们在俯仰、滚动和偏航三维情况下研究运动的稳定条件。最后研究还加了三个轴线方向的约束力 (算是六个自由度),用以考虑约束力的贡献。

11.2 基 本 方 程

本章首先从三自由度方程 (8-18),即式 (9-3) 出发,这里重写如下 [1,2]:

$$
\begin{cases}
\dfrac{\mathrm{d}\gamma}{\mathrm{d}t} = \omega_x - \dot{\psi}\sin\theta = \omega_x - \tan\theta\,(\omega_y\cos\gamma - \omega_z\sin\gamma) \\[2mm]
\dfrac{\mathrm{d}\omega_x}{\mathrm{d}t} = \alpha_x \cdot \omega_y\omega_z + m_x \\[2mm]
\dfrac{\mathrm{d}\theta}{\mathrm{d}t} = \omega_y\sin\gamma + \omega_z\cos\gamma \\[2mm]
\dfrac{\mathrm{d}\alpha}{\mathrm{d}t} = \omega_z + (\omega_y\sin\alpha - \omega_x\cos\alpha)\tan\beta \\[2mm]
\dfrac{\mathrm{d}\beta}{\mathrm{d}t} = \omega_y\cos\alpha + \omega_x\sin\alpha \\[2mm]
\dfrac{\mathrm{d}\omega_y}{\mathrm{d}t} = \alpha_y \cdot \omega_x\omega_z + m_y \\[2mm]
\dfrac{\mathrm{d}\omega_z}{\mathrm{d}t} = \alpha_z \cdot \omega_x\omega_y + m_z
\end{cases}
\tag{11-1a}
$$

其中,

$$
\frac{\mathrm{d}\psi}{\mathrm{d}t} = \frac{1}{\cos\theta}\,(\omega_y\cos\gamma - \omega_z\sin\gamma)
\tag{11-1b}
$$

本章我们用的是式 (11-1a),与第 10 章用 $\psi = 0$ 条件不同,那时有 $\dfrac{\mathrm{d}\gamma}{\mathrm{d}t} = \omega_x$。而对于三自由度情况,$\dfrac{\mathrm{d}\gamma}{\mathrm{d}t} = \omega_x - \dot{\psi}\sin\theta$,要求考虑 ψ 的影响。另外,应用力矩系数 m_x, m_y, m_z 的值,须飞行力学方程与三维非定常 N-S 流动方程耦合计算给出。

在作稳定性分析时,气动力矩 m_x、m_y、m_z 可近似采用以下公式计算:

$$
\begin{aligned}
m_x =& \left(\frac{\partial m_x}{\partial \alpha}\right)_0 \Delta\alpha + \left(\frac{\partial m_x}{\partial \beta}\right)_0 \Delta\beta + \left(\frac{\partial m_x}{\partial \gamma}\right)_0 \Delta\gamma + \left(\frac{\partial m_x}{\partial \omega_x}\right)_0 \Delta\omega_x \\
&+ \left(\frac{\partial m_x}{\partial \omega_y}\right)_0 \Delta\omega_y + \left(\frac{\partial m_x}{\partial \omega_z}\right)_0 \Delta\omega_z + \cdots \\
m_y =& \left(\frac{\partial m_y}{\partial \alpha}\right)_0 \Delta\alpha + \left(\frac{\partial m_y}{\partial \beta}\right)_0 \Delta\beta + \left(\frac{\partial m_y}{\partial \gamma}\right)_0 \Delta\gamma + \left(\frac{\partial m_y}{\partial \omega_x}\right)_0 \Delta\omega_x \\
&+ \left(\frac{\partial m_y}{\partial \omega_y}\right)_0 \Delta\omega_y + \left(\frac{\partial m_y}{\partial \omega_z}\right)_0 \Delta\omega_z + \cdots
\end{aligned}
$$

$$m_z = \left(\frac{\partial m_z}{\partial \alpha}\right)_0 \Delta\alpha + \left(\frac{\partial m_z}{\partial \beta}\right)_0 \Delta\beta + \left(\frac{\partial m_z}{\partial \gamma}\right)_0 \Delta\gamma + \left(\frac{\partial m_z}{\partial \omega_x}\right)_0 \Delta\omega_x$$
$$+ \left(\frac{\partial m_z}{\partial \omega_y}\right)_0 \Delta\omega_y + \left(\frac{\partial m_z}{\partial \omega_z}\right)_0 \Delta\omega_z + \cdots$$

这是 18 个导数的模型。

或者采用更简单的公式:

$$m_x = \left(\frac{\partial m_x}{\partial \gamma}\right)_0 \Delta\gamma + \left(\frac{\partial m_x}{\partial \omega_x}\right)_0 \Delta\omega_x + \cdots$$
$$m_y = \left(\frac{\partial m_y}{\partial \beta}\right)_0 \Delta\beta + \left(\frac{\partial m_y}{\partial \omega_y}\right)_0 \Delta\omega_y + \cdots$$
$$m_z = \left(\frac{\partial m_z}{\partial \alpha}\right)_0 \Delta\alpha + \left(\frac{\partial m_z}{\partial \omega_z}\right)_0 \Delta\omega_z + \cdots$$

这是 6 个导数的模型,以下的讨论就是采用这种模型。

令状态变量 $x = (\gamma, \omega_x, \theta, \alpha, \beta, \omega_y, \omega_z)^{\mathrm{T}} = (x_1, x_2, \cdots, x_n)^{\mathrm{T}}$ $(n = 7)$,
式 (11-1a) 可写成

$$\frac{\mathrm{d}x}{\mathrm{d}t} = \boldsymbol{F}(x) \tag{11-2}$$

可以用小扰动展开法分析。设 $x = x_0 + \Delta x$,状态 $x_0 = (\gamma_0, \omega_{x0}, \theta_0, \alpha_0, \beta_0, \omega_{y0}, \omega_{z0})$ 是基本值,小扰动是

$$\begin{cases} \gamma - \gamma_0 = \Delta\gamma, \quad \omega_x - \omega_{x0} = \Delta\omega_x, \quad \theta - \theta_0 = \Delta\theta, \quad \alpha - \alpha_0 = \Delta\alpha \\ \beta - \beta_0 = \Delta\beta, \quad \omega_y - \omega_{y0} = \Delta\omega_y, \quad \omega_z - \omega_{z0} = \Delta\omega_z \end{cases} \tag{11-3}$$

亦可表示为

$$\Delta x = (\Delta\gamma, \Delta\omega_x, \Delta\theta, \Delta\alpha, \Delta\beta, \Delta\omega_y, \Delta\omega_z)^{\mathrm{T}} \tag{11-4}$$

在状态 x_0 下,有 $\dfrac{\mathrm{d}x_0}{\mathrm{d}t} = \boldsymbol{F}(x_0)$ 成立,由式 (11-2) 给出

$$\frac{\mathrm{d}\Delta x}{\mathrm{d}t} = F(x_0 + \Delta x) - F(x_0) \tag{11-5a}$$

在 x_0 做小扰动展开, 并二阶以上的小量记作 $\boldsymbol{g}\left(x_0, \Delta x\right)$, 可得

$$\frac{\mathrm{d}\Delta x}{\mathrm{d}t} = \boldsymbol{A}\Delta x + \boldsymbol{g}\left(x_0, \Delta x\right)\Delta x = G\left(x_0, \Delta x\right)\Delta x \tag{11-5b}$$

其中, $\Delta x = x - x_0$; $\boldsymbol{A} = \left.\dfrac{\partial \boldsymbol{F}}{\partial x}\right|_{x_0}$。

矩阵 $\boldsymbol{A}$ 可由下式右端给出:

$$\begin{cases}
\begin{aligned}
\frac{\mathrm{d}\Delta\gamma}{\mathrm{d}t} &= \Delta\omega_x + \tan\theta_0\omega_{y0}\sin\gamma_0\Delta\gamma + \tan\theta_0\omega_{z0}\cos\gamma_0\Delta\gamma \\
&\quad - \frac{\omega_{y0}\cos\gamma_0}{\cos\theta_0^2}\Delta\theta + \frac{\omega_{z0}\cos\gamma_0}{\cos\theta_0^2}\Delta\theta - \tan\theta_0\cos\gamma_0\Delta\omega_{y0} \\
&\quad + \tan\theta_0\sin\gamma_0\Delta\omega_{z0} \\
\frac{\mathrm{d}\Delta\omega_x}{\mathrm{d}t} &= \alpha_x\omega_{y0}\Delta\omega_z + \alpha_x\omega_{z0}\Delta\omega_y + m_x^\gamma\Delta\gamma + m_x^{\omega_x}\Delta\omega_x \\
\frac{\mathrm{d}\Delta\theta}{\mathrm{d}t} &= \omega_{y0}\cos\gamma_0\Delta\gamma - \omega_{z0}\sin\gamma_0\Delta\gamma + \sin\gamma_0\Delta\omega_y + \cos\gamma_0\Delta\omega_z \\
\frac{\mathrm{d}\Delta\alpha}{\mathrm{d}t} &= \Delta\omega_z + \tan\beta_0\omega_{y0}\cos\alpha_0\Delta\alpha + \tan\beta_0\sin\alpha_0\Delta\omega_y \\
&\quad + \tan\beta_0\omega_{x0}\sin\alpha_0\Delta\alpha - \tan\beta_0\cos\alpha_0\Delta\omega_x \\
&\quad + \frac{\omega_{y0}\sin\alpha_0}{\cos\beta_0^2}\Delta\beta - \frac{\omega_{x0}\cos\alpha_0}{\cos\beta_0^2}\Delta\beta \\
\frac{\mathrm{d}\Delta\beta}{\mathrm{d}t} &= -\omega_{y0}\sin\alpha_0\Delta\alpha + \cos\alpha_0\Delta\omega_y \\
&\quad + \omega_{x0}\cos\alpha_0\Delta\alpha + \sin\alpha_0\Delta\omega_x \\
\frac{\mathrm{d}\Delta\omega_y}{\mathrm{d}t} &= \alpha_y\omega_{x0}\Delta\omega_z + \alpha_y\omega_{z0}\Delta\omega_x + m_y^\beta\Delta\beta + m_y^{\omega_y}\Delta\omega_y \\
\frac{\mathrm{d}\Delta\omega_z}{\mathrm{d}t} &= \alpha_z\omega_{x0}\Delta\omega_y + \alpha_z\omega_{y0}\Delta\omega_x + m_z^\alpha\Delta\alpha + m_z^{\omega_z}\Delta\omega_z
\end{aligned}
\end{cases}$$

$$\tag{11-6a}$$

具体的可将式 (11-6a) 写成如下形式：

$$\frac{\mathrm{d}\Delta x}{\mathrm{d}t} = \boldsymbol{A}\Delta x =$$

$$
\begin{pmatrix}
\tan\theta_0\left(\omega_{y0}\sin\gamma_0 + \omega_{z0}\cos\gamma_0\right) & 1 & \dfrac{\omega_{z0}\cos\gamma_0 - \omega_{y0}\cos\gamma_0}{\cos^2\theta_0} & 0 & 0 & -\tan\theta_0\cos\gamma_0 & \tan\theta_0\sin\gamma_0 \\[2ex]
m_x^{\gamma} & m_x^{\omega_x} & 0 & 0 & 0 & \alpha_x\omega_{z0} & \alpha_x\omega_{y0} \\[2ex]
\left(\omega_{y0}\cos\gamma_0 - \omega_{z0}\sin\gamma_0\right) & 0 & 0 & 0 & 0 & \sin\gamma_0 & \cos\gamma_0 \\[2ex]
0 & -\tan\beta_0\cos\alpha_0 & 0 & \tan\beta_0\left(\omega_{y0}\cos\alpha_0 + \omega_{x0}\sin\alpha_0\right) & \dfrac{\omega_{y0}\sin\alpha_0 - \omega_{x0}\cos\alpha_0}{\cos^2\beta_0} & \tan\beta_0\sin\alpha_0 & 1 \\[2ex]
0 & \sin\alpha_0 & 0 & \left(-\omega_{y0}\sin\alpha_0 + \omega_{x0}\cos\alpha_0\right) & 0 & \cos\alpha_0 & 0 \\[2ex]
0 & \alpha_y\omega_{z0} & 0 & 0 & m_y^{\beta} & m_y^{\omega_y} & \alpha_y\omega_{x0} \\[2ex]
0 & 0 & 0 & m_z^{\alpha} & \alpha_z\omega_{y0} & \alpha_z\omega_{x0} & m_z^{\omega_z}
\end{pmatrix}
\cdot
\begin{pmatrix}
\Delta\gamma \\
\Delta\omega_x \\
\Delta\theta \\
\Delta\alpha \\
\Delta\beta \\
\Delta\omega_y \\
\Delta\omega_z
\end{pmatrix}
$$

$$(11\text{-}6\mathrm{b})$$

状态方程 $\dfrac{\mathrm{d}x_0}{\mathrm{d}t} = \boldsymbol{F}(x_0)$ 中 x_0 比较复杂时, 矩阵 $\boldsymbol{A}$ 是复杂的。

11.3 稳定性分析

根据第 6 章的描述, 有两种方法来分析方程 (11-1a) 或方程 (11-2) 的稳定性。一种是将方程 (11-2) 略去高阶项写成矩阵形式, 通过研究矩阵的特征值方程的性质就可得出飞行器在状态 x_0 附近的稳定性情况。此时矩阵 $\boldsymbol{A}$ 的特征方程是

$$f(\lambda) = \det(\lambda \boldsymbol{I} - \boldsymbol{A}) = 0$$
$$f(\lambda) = s_0 \lambda^7 + s_1 \lambda^6 + s_2 \lambda^5 + s_3 \lambda^4$$
$$+ s_4 \lambda^3 + s_5 \lambda^2 + s_6 \lambda + s_7 = 0$$

另一种是利用式 (11-2) 即式 (11-5a) 的李雅普诺夫指数法来分析稳定性。

11.3.1 特征值分析方法

对于第一种方法, 如果式 (11-6) 的特征值全为负的实部, 则 Δx 是收缩的, 即为点吸引子。如果特征值有一个正的实部, Δx 是发散的。如果特征值是零的实根, 它可能有一个极限环或二维的环面。进一步的讨论将涉及非线性分叉和混沌。该矩阵是一个很复杂七阶矩阵, 要想分析它的性质并不是那么容易, 应当用计算机推导公式, 用计算机作计算。这里先对两种较简单的问题进行稳定性分析。

(1) 状态 x_0 ($\gamma_0 = 0, \omega_{x0} = 0, \theta_0 = 0, \alpha_0 = 0, \beta_0 = 0, \omega_{y0} = 0, \omega_{z0} = 0$) 的情况。

根据上面的分析, 矩阵 $\boldsymbol{A}$ 可以写成如下形式:

$$\frac{\mathrm{d}x}{\mathrm{d}t} = \boldsymbol{A}x$$

$$
A \equiv \begin{bmatrix}
0 & 1 & 0 & 0 & 0 & 0 & 0 \\
m_x^\gamma & m_x^{\omega_x} & 0 & 0 & 0 & 0 & 0 \\
0 & 0 & 0 & 0 & 0 & 0 & 1 \\
0 & 0 & 0 & 0 & 0 & 0 & 1 \\
0 & 0 & 0 & 0 & 0 & 1 & 0 \\
0 & 0 & 0 & 0 & m_y^\beta & m_y^{\omega_y} & 0 \\
0 & 0 & 0 & m_z^\alpha & 0 & 0 & m_z^{\omega_z}
\end{bmatrix}
\quad x = \begin{bmatrix}
\Delta\gamma \\
\Delta\omega_x \\
\Delta\theta \\
\Delta\alpha \\
\Delta\beta \\
\Delta\omega_y \\
\Delta\omega_z
\end{bmatrix}
\tag{11-7}
$$

矩阵 A 的特征方程可写为

$$
\lambda \cdot \left(\lambda^2 + \alpha_1\lambda + \alpha_2\right) \cdot \left(\lambda^4 + b_1\lambda^3 + b_2\lambda^2 + b_3\lambda + b_4\right) = 0
$$

特征方程的各项系数分别为

$$
\alpha_1 = -m_x^{\omega_x}
$$
$$
\alpha_2 = -m_x^\gamma
$$
$$
b_1 = -\left(m_y^{\omega_y} + m_z^{\omega_z}\right)
$$
$$
b_2 = m_y^{\omega_y} m_z^{\omega_z} - \left(m_y^\beta + m_z^\alpha\right)
$$

$$
b_3 = m_y^\beta m_z^{\omega_z} + m_y^{\omega_y} m_z^\alpha
$$

$$
b_4 = m_z^\alpha m_y^\beta
$$

$$
\Delta = b_1 b_2 b_3 - b_4 b_1^2 - b_3^2
$$
$$
= m_z^{\omega_z} \left(m_z^\alpha\right)^2 m_y^{\omega_y} - \left(m_z^{\omega_2}\right)^2 \left(m_y^{\omega_y}\right)^2 m_z^\alpha
$$
$$
\quad - \left(m_z^{\omega_z}\right)^3 m_y^{\omega_y} m_y^\beta - 2m_z^{\omega_z} m_y^{\omega_y} m_z^\alpha m_y^\beta - \left(m_z^{\omega_z}\right)^2 \left(m_y^{\omega_y}\right)^2 m_y^\beta
$$
$$
\quad - m_z^{\omega_z} \left(m_y^{\omega_y}\right)^3 m_z^\alpha + m_y^{\omega_y} \left(m_y^\beta\right)^2 m_z^{\omega_z}
$$
$$
= m_y^{\omega_y} m_z^{\omega_z} \left(m_z^\alpha + m_y^\beta\right)^2 - \left(m_z^{\omega_2}\right)^2 \left(m_y^{\omega_y}\right)^2 m_z^\alpha - \left(m_z^{\omega_z}\right)^3 m_y^{\omega_y} m_y^\beta
$$
$$
\quad - \left(m_z^{\omega_z}\right)^2 \left(m_y^{\omega_y}\right)^2 m_y^\beta - m_z^{\omega_z} \left(m_y^{\omega_y}\right)^3 m_z^\alpha
$$

逐步分析上述系数中的每一项, 可以看出, 只要 $m_x^\gamma < 0$, $m_y^\beta < 0$, $m_z^\alpha < 0$, $m_x^{\omega_x} < 0$, $m_y^{\omega_y} < 0$, $m_z^{\omega_z} < 0$ 就可知特征方程的所有系数以及 Δ 都大于零, 这表明即使 $\psi \neq 0$, 飞行器运动稳定的条件也全部满足, 此时飞行器的运动是稳定的, 为点吸引子; 当流动参数变化, 动导数为零时, 它可能变为周期吸引子; 如果动导数为正时, 运动变为不稳定的。

(2) 状态 x_0 $(\gamma_0 = 0, \omega_{x0} = 0, \theta_0 = \alpha_0 = \alpha_0, \beta_0 = 0, \omega_{y0} = 0, \omega_{z0} = 0)$ 的情况。

根据上面的分析, 矩阵 $\boldsymbol{A}$ 可以写成如下形式:

$$
\boldsymbol{A} \equiv
\begin{bmatrix}
0 & 1 & 0 & 0 & 0 & -\tan\alpha_0 & 0 \\
m_x^\gamma & m_x^{\omega_x} & 0 & 0 & 0 & 0 & 0 \\
0 & 0 & 0 & 0 & 0 & 0 & 1 \\
0 & 0 & 0 & 0 & 0 & 0 & 1 \\
0 & \sin\alpha_0 & 0 & 0 & 0 & \cos\alpha_0 & 0 \\
0 & 0 & 0 & 0 & m_y^\beta & m_y^{\omega_y} & 0 \\
0 & 0 & 0 & m_z^\alpha & 0 & 0 & m_z^{\omega_z}
\end{bmatrix}
\tag{11-8}
$$

矩阵 $\boldsymbol{A}$ 的特征方程为

$$
s_0\lambda^7 + s_1\lambda^6 + s_2\lambda^5 + s_3\lambda^4 + s_4\lambda^3 + s_5\lambda^2 + s_6\lambda + s_7 = 0
$$

或者

$$
\lambda \cdot \left(\lambda^2 + a_1\lambda + a_2\right) \cdot \left(\lambda^4 + b_1\lambda^3 + b_2\lambda^2 + b_3\lambda + b_4\right) = 0
$$

特征方程的各项系数分别为

$$S_0 = 1$$

$$S_1 = -m_x^{\omega_x} - m_y^{\omega_y} - m_z^{\omega_z}$$

$$S_2 = -m_z^\alpha + m_y^{\omega_y} m_z^{\omega_z} + m_x^{\omega_x} m_z^{\omega_z} - m_y^\beta \cos\alpha_0 + m_x^{\omega_x} m_y^{\omega_y} - m_x^\gamma$$

$$S_3 = m_z^\alpha m_y^{\omega_y} + m_z^\alpha m_x^{\omega_x} + m_z^{\omega_z} m_y^\beta \cos\alpha_0 - m_z^{\omega_z} m_y^{\omega_y} m_x^{\omega_x} + m_z^{\omega_z} m_x^\gamma$$

$$\qquad + m_y^\beta m_x^{\omega_x} \cos\alpha_0 + m_y^{\omega_y} m_x^\gamma$$

$$S_4 = m_z^\alpha m_y^\beta \cos\alpha_0 - m_z^\alpha m_y^{\omega_y} m_x^{\omega_x} + m_z^\alpha m_x^\gamma - m_z^{\omega_z} m_x^{\omega_x} m_y^\beta \cos\alpha_0$$

$$\qquad - m_z^{\omega_z} m_y^{\omega_y} m_x^\gamma + m_y^\beta m_x^\gamma / \cos\alpha_0$$

$$S_5 = -m_z^\alpha m_y^\beta m_x^{\omega_x} \cos\alpha_0 - m_z^\alpha m_y^{\omega_y} m_x^\gamma - m_z^{\omega_z} m_y^\beta m_x^\gamma / \cos\alpha_0$$

$$S_6 = -m_z^\alpha m_y^\beta m_x^\gamma / \cos\alpha_0$$

$$S_7 = 0$$

$$a_1 = -m_z^{\omega_z}$$

$$a_2 = -m_z^\alpha$$

$$b_1 = -\left(m_x^{\omega_x} + m_y^{\omega_y} \right)$$

$$b_2 = m_x^{\omega_x} m_y^{\omega_y} - m_x^\gamma - m_y^\beta \cos\alpha_0$$

$$b_3 = m_y^\beta m_x^{\omega_x} \cos\alpha_0 + m_y^{\omega_y} m_x^\gamma$$

$$b_4 = m_x^\gamma m_y^\beta / \cos\alpha_0$$

$$\Delta = b_1 b_2 b_3 - b_4 b_1^2 - b_3^2$$

$$\quad = m_y^{\omega_y} (\cos\alpha_0)^2 \left(m_y^\beta \right)^2 m_x^{\omega_x} + \left(m_y^{\omega_y} \right)^2 m_y^\beta \cos\alpha_0 m_x^\gamma$$

$$\qquad - \left(m_y^{\omega_y} \right)^2 \left(m_x^{\omega_x} \right)^2 m_y^\beta \cos\alpha_0 - \left(m_y^{\omega_y} \right)^3 m_x^{\omega_x} m_y^\beta \cos\alpha_0$$

$$\qquad - \left(m_y^{\omega_y} \right)^2 \left(m_x^{\omega_x} \right)^2 m_x^\gamma + \left(m_x^{\omega_x} \right)^2 m_y^\beta \cos\alpha_0 m_x^\gamma + m_x^{\omega_x} \left(m_x^\gamma \right)^2 m_y^{\omega_y}$$

$$\qquad - m_y^\beta m_x^\gamma \left(m_y^{\omega_y} \right)^2 / \cos\alpha_0 - 2 m_y^\beta m_x^\gamma m_x^{\omega_x} m_y^{\omega_y} / \cos\alpha_0$$

$$\qquad - m_y^\beta m_x^\gamma \left(m_x^{\omega_x} \right)^2 / \cos\alpha_0$$

由分析可以看出，当 $m_x^\gamma < 0$, $m_y^\beta < 0$, $m_z^\alpha < 0$, $m_x^{\omega_x} < 0$, $m_y^{\omega_y} < 0$, $m_z^{\omega_z} < 0$ 时，特征方程的系数 $S_1 \sim S_6$ 和 a_1、a_2、$b_1 \sim b_4$ 都是大于零的，但不能保证 Δ 大于零。从 Δ 的表达式可以看出，只有当 α_0 小时，才能有 $\Delta > 0$ 成立，此时飞行器运动才有稳定的结论，为点吸引子。以后流动参数变化，随动导数的变化也可能变为周期吸引子。

11.3.2 李雅普诺夫指数法

另一种方法是李雅普诺夫指数法。出发方程为式 (11-1a) 或式 (11-5a)

$$\frac{\mathrm{d}\Delta x}{\mathrm{d}t} = f\left(x_0 + \Delta x\right) - f\left(x_0\right) \tag{11-9}$$

假定初始的扰动为 $(\Delta x_i)_0$，计算

$$\left|\frac{\Delta x_i}{(\Delta x_i)_0}\right| = \mathrm{e}^{\sigma_i t} \tag{11-10}$$

中的李雅普诺夫指数 σ_i。如果 $\sigma_i < 0$，即 σ_i 为负 $(\sigma_i = (-))$，$\left|\frac{\Delta x_i}{(\Delta x_i)_0}\right| < 1$，是稳定的，收缩的；如 $\sigma_i > 0$，即为正 $(\sigma_i = (+))$，$\left|\frac{\Delta x_i}{(\Delta x_i)_0}\right| > 1$，是不稳定的，扩张的；如 $\sigma_i = 0$，即为 $(\sigma_i = (0))$，$\left|\frac{\Delta x_i}{(\Delta x_i)_0}\right| = 1$ 是既不扩张也不收缩的。

由式 (11-10) 可得

$$\sigma_i t = \ln\left|\frac{\Delta x_i}{(\Delta x_i)_0}\right| \tag{11-11}$$

t 为时间，当 t 接近 t_∞ 时，σ_i 是定值。

$$\sigma_i = \lim_{t \to t_\infty} \frac{1}{t} \ln\left|\frac{\Delta x_i}{(\Delta x_i)_0}\right| \tag{11-12}$$

对复杂系统，其 σ_i 可能全部为负，也可能有正有负有零，在给出 σ_i 的顺序时，按大小排列，$\sigma_1 > \sigma_2 > \sigma_3 \cdots$，$\sigma_i$ 大于零的部分就是混沌系

统。

下面我们给出具体算例，来说明上面问题研究的情况。把两个判则的结果进行分析比较，假定某飞行器的几何条件为 $\alpha_x = 0.538$，$\alpha_y = 0.871$，$\alpha_z = -0.959$。

(1) 第一组计算针对状态点 ($\gamma_0 = 0, \omega_{x0} = 0, \theta_0 = 0, \alpha_0 = 0, \beta_0 = 0, \omega_{y0} = 0, \omega_{z0} = 0$) 处的动稳定性情况作了分析。假定气动导数分别为 $m_x^\gamma = -0.3438(1/\text{s}^2)$，$m_y^\beta = -0.149 \ 1/\text{s}^2$，$m_z^\alpha = -0.1234 \ 1/\text{s}^2$，$m_x^{\omega_x} = m_y^{\omega_y} = m_z^{\omega_z} = -0.1 \ 1/\text{s}$。要说明的是，这里的气动导数是根据某滑翔飞行器外形的飞行状态估算得到的 [3]。

下面首先根据李雅普诺夫指数法分析系统的稳定性。这一方法的求解步骤是针对具体的状态，给定初始扰动值，直接利用 4 阶 Runge-Kutta 方法求解方程式 (11-1a)，得到 $\left| \dfrac{\Delta x_i}{(\Delta x_i)_0} \right|$ 的发展历程，即求出飞行器的发展历程。对于第一组算例，设给出的初始扰动为 $\Delta \alpha_0 = \Delta \theta_0 = 5°$，$\Delta \beta_0 = 0^+$，$\Delta \gamma_0 = 0^+(0^+$ 表示小的正数)，$\Delta (\omega_x)_0 = 5° \ 1/\text{s}$，$\Delta (\omega_y)_0 = 0^+$，$\Delta (\omega_z)_0 = 5° \ 1/\text{s}$，$\Delta \dot{\theta}_0 = 5° \ 1/\text{s}$。利用 4 阶 Runge-Kutta 方法对方程 (11-1a) 的 $\left| \dfrac{\Delta x_i}{(\Delta x_i)_0} \right|$ 进行计算，可给出飞行器的运动稳定的发展历程如图 11-1 所示。

从计算的结果，如图 11-1 所示的每个图的包络线被画出，$\left| \dfrac{\Delta x_i}{(\Delta x_i)_0} \right| < 1$，是稳定的，收缩的，可清楚表明飞行器的运动是稳定的，每个都给出为负的李雅普诺夫指数 $\sigma_i (-)$。

但是如果 $m_x^{\omega_x} = m_y^{\omega_y} = m_z^{\omega_z} = 0.1 \ (1/\text{s})$，即动导数改变了符号，按照前面的分析，飞行器的运动应该是发散的。利用 4 阶 Runge-Kutta 方法对式 (11-1a) 进行计算，如图 11-2 所示的计算结果可知，大多情况 $\sigma_i > 0$，个别出现 $\sigma_i < 0$ 和 $\sigma_i = 0$。计算确实是发散的。

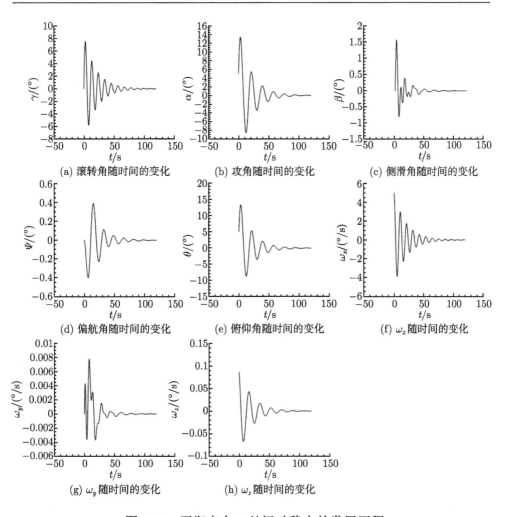

图 11-1　平衡点在 0 处运动稳定的发展历程

(2) 第二组计算分别针对状态点 ($\gamma_0 = 0, \omega_{x0} = 0, \theta_0 = 10°, \alpha_0 = 10°, \beta_0 = 0, \omega_{y0} = 0, \omega_{z0} = 0$) 以及 ($\gamma_0 = 0, \omega_{x0} = 0, \theta_0 = 50°, \alpha_0 = 50°, \beta_0 = 0, \omega_{y0} = 0, \omega_{z0} = 0$) 处的动稳定性情况展开了分析。假定上面两个状态点处的气动导数仍然为 $m_x^\gamma = -0.3438$ 1/s^2, $m_y^\beta = -0.149$ 1/s^2, $m_z^\alpha = -0.1234$ 1/s^2, $m_x^{\omega_x} = m_y^{\omega_y} = m_z^{\omega_z} = -0.1$ 1/s。根据前面的分析，平衡点 $\Delta\alpha_0 = 10°$ 处的系数 $\Delta = 0.0004 > 0$，满足稳定性条件，飞行器的运动应该是稳定的。

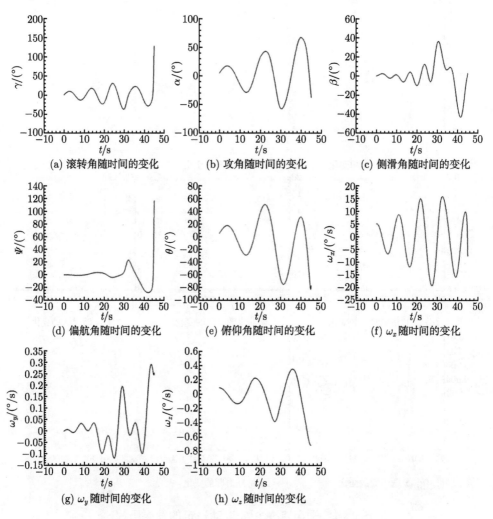

图 11-2   平衡点在 0 处运动发散的发展历程

在初始扰动为 $\Delta\alpha_0 = \Delta\theta_0 = 10°$, $\Delta\beta_0 = 0^+$, $\Delta\gamma_0 = 0^+$, $\Delta(\omega_x)_0 = 15°$ 1/s, $\Delta(\omega_y)_0 = 0^+$, $\Delta(\omega_z)_0 = 20°$ 1/s, $\Delta\dot{\theta}_0 = 20°$ 1/s 的情况下，计算所得的飞行器运动历程如图 11-3 所示，运动是稳定的，计算与理论分析一致。

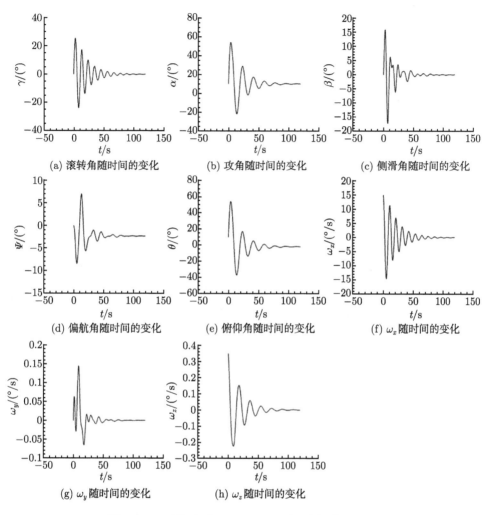

图 11-3　平衡点在 $\alpha_0 = 10°$ 处运动的发展历程

在状态点 $\Delta\alpha_0 = 50°$ 处，$\Delta = -0.0012 < 0$，不满足稳定性条件，飞行器的运动应该是发散的。

在初始扰动为 $\Delta\alpha_0 = \Delta\theta_0 = 50°$，$\Delta\beta_0 = 0^+$，$\Delta\gamma_0 = 0^+$，$\Delta(\omega_x)_0 = 15° \ 1/s$，$\Delta(\omega_y)_0 = 0^+$，$\Delta(\omega_z)_0 = 20° \ 1/s$，$\Delta\dot{\theta}_0 = 20° \ 1/s$ 的情况下，计算所得的飞行器运动历程如图 11-4 所示，运动是发散的，计算与理论分析一致。

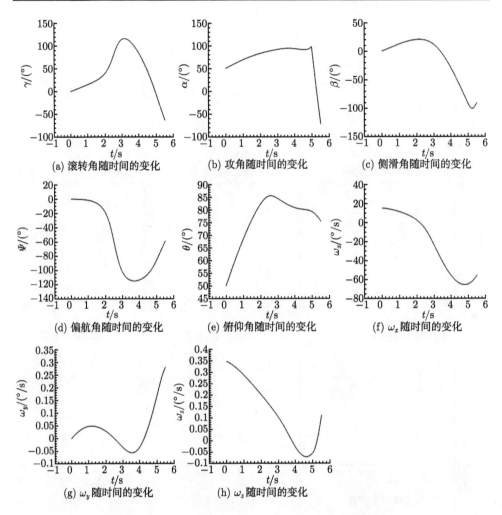

图 11-4　平衡点在 $\alpha_0 = 50°$ 处运动的发展历程

以上计算是对简单的飞行情况。对更复杂的情况，计算也可照此原则进行。

11.3.3　特征值理论的李雅普诺夫指数

根据特征值理论，也可决定 σ_i。例如，对于俯仰和滚动的耦合运动，它由一个二阶的特征值方程 $\lambda^2 + \alpha_1\lambda + \alpha_2 = 0$ 和一个四阶的特征值方程 $\lambda^4 + b_1\lambda^3 + b_2\lambda^2 + b_3\lambda + b_4 = 0$ 的根来决定。若二阶方程的特征根 λ_1、λ_2

全有负的实部以及四阶方程的特征根 λ_3、λ_4、λ_5、λ_6 也全有负的实部时，系统是稳定的，即 $(\sigma_1, \sigma_2, \sigma_3, \sigma_4, \sigma_5, \sigma_6) = (-, -, -, -, -, -)$，此为点吸引子，$\left| \dfrac{\Delta x_i}{(\Delta x_i)_0} \right| < 1$，$\Delta x_i$ 是收缩的。若二阶特征方程有一正实根和一个零实根，其余四阶方程特征根若是负实根，即 $(\sigma_1, \sigma_2, \sigma_3, \sigma_4, \sigma_5, \sigma_6) = (+, 0, -, -, -, -)$，此情况是先局部发散后变成跟随极限环和极限环面，这就出现混沌。

特征值算法决定 σ_i 在于首先决定特征值，然后给出其实部。问题是特征方程的特征根如何计算？这里以三次特征方程

$$\lambda^3 + a\lambda^2 + b\lambda + c = 0 \tag{11-13}$$

为例讨论 σ_i 的算法。设 λ_1、λ_2、λ_3 是式 (11-13) 的三个解，即 $(\lambda - \lambda_1)(\lambda - \lambda_2) \cdot (\lambda - \lambda_3) = 0$，从而可得

$$\begin{cases} -a = \lambda_1 + \lambda_2 + \lambda_3 \\ b = \lambda_1\lambda_2 + \lambda_2\lambda_3 + \lambda_3\lambda_1 \\ -c = \lambda_1\lambda_2\lambda_3 \end{cases}$$

再设 $\lambda_2 = \alpha + \mathrm{i}\beta$，$\lambda_3 = \alpha - \mathrm{i}\beta$ 是复根，于是有

$$\begin{cases} -a = \lambda_1 + 2\alpha \\ b = 2\alpha\lambda_1 + (\alpha^2 + \beta^2) \\ -c = \lambda_1(\alpha^2 + \beta^2) \end{cases} \tag{11-14}$$

由式 (11-14) 第三式，因 $c > 0$，$\lambda_i = -\dfrac{c}{(\alpha^2 + \beta^2)} < 0$，为负实部，又 $\sigma_2 = \alpha$ 和 $\sigma_3 = \alpha$ 分别为 λ_2、λ_3 的实部。根据稳定性判则

$$ab - c = -2\alpha \left[\lambda_1^2 + 2\alpha\lambda_1 + (\alpha^2 + \beta^2) \right]$$
$$= -2\alpha \left[(\lambda_1 + \alpha)^2 + \beta^2 \right] > 0$$

可得 $\alpha < 0$，即特征根的实部小于零。$\sigma_2 = \alpha = (-)$，$\sigma_3 = \alpha = (-)$。

于是对应的李雅普诺夫指数为 $(\sigma_1, \sigma_2, \sigma_3) = (-, -, -)$，且 $\left| \dfrac{\Delta x_1}{(\Delta x_1)_0} \right| < 1$，$\left| \dfrac{\Delta x_2}{(\Delta x_2)_0} \right| < 1$，$\left| \dfrac{\Delta x_3}{(\Delta x_3)_0} \right| < 1$。

利用和这个例子相似的方法可以计算式 (6-8) 具有四阶方程的特征根 σ_i 系列，满足稳定性判则的 $(\sigma_1, \sigma_2, \sigma_3, \sigma_4)$ 为 $(0, 0, -, -)$，即二维环面。同样可给出高阶特征方程的 σ_i 系列。可以看出，根据特征值理论，只有当系统中存在局部不稳定解时，才可能有混沌发生。

对于状态 $x_0 \, (\gamma_0 = 0, \omega_{x0} = 0, \theta_0 = 0, \alpha_0 = 0, \beta_0 = 0, \omega_{y0} = 0, \omega_{z0} = 0)$ 的情况，可求得式 (11-7) 矩阵 $\boldsymbol{A}$ 的特征值为

$$
\begin{cases}
\lambda_1 = 0 \\[2mm]
\lambda_2 = \dfrac{1}{2} m_z^{\omega_z} + \dfrac{1}{2} \sqrt{(m_z^{\omega_z})^2 + 4 m_z^{\alpha}} \\[2mm]
\lambda_3 = \dfrac{1}{2} m_z^{\omega_z} - \dfrac{1}{2} \sqrt{(m_z^{\omega_z})^2 + 4 m_z^{\alpha}} \\[2mm]
\lambda_4 = \dfrac{1}{2} m_y^{\omega_y} + \dfrac{1}{2} \sqrt{(m_y^{\omega_y})^2 + 4 m_y^{\beta}} \\[2mm]
\lambda_5 = \dfrac{1}{2} m_y^{\omega_y} - \dfrac{1}{2} \sqrt{(m_y^{\omega_y})^2 + 4 m_y^{\beta}} \\[2mm]
\lambda_6 = \dfrac{1}{2} m_x^{\omega_x} + \dfrac{1}{2} \sqrt{(m_x^{\omega_x})^2 + 4 m_x^{\gamma}} \\[2mm]
\lambda_7 = \dfrac{1}{2} m_x^{\omega_x} - \dfrac{1}{2} \sqrt{(m_x^{\omega_x})^2 + 4 m_z^{\gamma}}
\end{cases}
\tag{11-15}
$$

需要指出的是，上述特征值的表达式中若某一根号内出现负值，则相应的特征值为一对共轭的复根。由分析可以看出，当 $m_x^{\gamma} < 0$，$m_y^{\beta} < 0$，$m_z^{\alpha} < 0$，$m_x^{\omega_x} < 0$，$m_y^{\omega_y} < 0$，$m_z^{\omega_z} < 0$ 时，式 (11-15) 的后六个特征值，都有负的实部，此时运动发展的情况为点吸引子。按照 $(\sigma_1, \sigma_2, \sigma_3, \sigma_4, \sigma_5, \sigma_6, \sigma_7) = (0, -, -, -, -, -, -)$，系统是收敛的。例如，当 $m_x^{\gamma} = -0.3438 \ 1/s^2$，$m_y^{\beta} =$

$-0.149 \ 1/\text{s}^2$, $m_z^\alpha = -0.1234 \ 1/\text{s}^2$, $m_x^{\omega_x} = m_y^{\omega_y} = m_z^{\omega_z} = -0.1 \ 1/\text{s}$ 时，矩阵 $\boldsymbol{A}$ 的特征值为

$$\lambda_1 = 0$$
$$\lambda_2 = -0.050 + 0.584\text{I}$$
$$\lambda_3 = -0.050 - 0.584\text{I}$$
$$\lambda_4 = -0.050 + 0.348\text{I}$$
$$\lambda_5 = -0.050 - 0.348\text{I}$$
$$\lambda_6 = -0.050 + 0.383\text{I}$$
$$\lambda_7 = -0.050 - 0.383\text{I}$$

I 表示虚数。相应的 $(\sigma_1, \sigma_2, \sigma_3, \sigma_4, \sigma_5, \sigma_6, \sigma_7) = (0, -, -, -, -, -, -)$。除第一特征根为零外，其余特征根的实部全为负，飞行器的运动应是收敛的。这与上面用数值方法分析飞行器的稳定性结论是一致的。

另外，当 m_x^γ、m_y^β、m_z^α 值不变，$m_x^{\omega_x} = m_y^{\omega_y} = m_z^{\omega_z} = 0.1 \ 1/\text{s}$ 时，求得矩阵 $\boldsymbol{A}$ 的特征值后，有 $(\sigma_1, \sigma_2, \sigma_3, \sigma_4, \sigma_5, \sigma_6, \sigma_7) = (0, +, +, +, +, +, +)$。也可得出飞行器运动是发散的结论。

对于状态 $x_0 \ (\gamma_0 = 0, \omega_{x0} = 0, \theta_0 = \alpha_0 = \alpha_0, \beta_0 = 0, \omega_{y0} = 0, \omega_{z0} = 0)$ 的情况，由于式 (11-8) 的矩阵 $\boldsymbol{A}$ 相对复杂，其特征值的表达式相当烦琐，这里只给出其中比较简单的三个的表达式

$$\begin{cases} \lambda_1 = 0 \\ \lambda_2 = \dfrac{1}{2} m_z^{\omega_z} + \dfrac{1}{2} \sqrt{\left(m_z^{\omega_z}\right)^2 + 4 m_z^\alpha} \\ \lambda_3 = \dfrac{1}{2} m_z^{\omega_z} - \dfrac{1}{2} \sqrt{\left(m_z^{\omega_z}\right)^2 + 4 m_z^\alpha} \end{cases} \tag{11-16}$$

这里虽然不能给出所有特征值的表达式，但针对具体情况，当参数 α_0、m_x^γ、m_y^β、m_z^α、$m_x^{\omega_x}$、$m_y^{\omega_y}$、$m_z^{\omega_z}$ 都给定，依然可数值求出式 (11-8) 矩阵 $\boldsymbol{A}$ 的所有特征值，再根据特征值实部的大小可判断运动的稳定性情况。

11.4　约束力的贡献

现在我们从式 (8-17) 出发，研究六自由度的方程。与三自由度方程比较，多了约束力 a_x、a_y、a_z 的贡献，重写出发方程为

$$
\begin{cases}
\dfrac{\mathrm{d}\gamma}{\mathrm{d}t} = \omega_x - \dot{\psi}\sin\theta = \omega_x - \tan\theta\,(\omega_y\cos\gamma - \omega_z\sin\gamma) \\[2mm]
\dfrac{\mathrm{d}\omega_x}{\mathrm{d}t} = \alpha_x \cdot \omega_y\omega_z + m_x \\[2mm]
\dfrac{\mathrm{d}\theta}{\mathrm{d}t} = \omega_y\sin\gamma + \omega_z\cos\gamma \\[2mm]
\dfrac{\mathrm{d}\alpha}{\mathrm{d}t} = \omega_z + (\omega_y\sin\alpha - \omega_x\cos\alpha)\tan\beta \\[2mm]
\qquad\qquad - \dfrac{\bar{a}_x\sin\alpha + \bar{a}_y\cos\alpha}{\cos\beta} \\[2mm]
\dfrac{\mathrm{d}\beta}{\mathrm{d}t} = \omega_y\cos\alpha + \omega_x\sin\alpha - \bar{a}_x\cos\alpha\sin\beta \\[2mm]
\qquad\qquad + \bar{a}_y\sin\alpha\sin\beta + \bar{a}_z\cos\beta \\[2mm]
\dfrac{\mathrm{d}\omega_y}{\mathrm{d}t} = \alpha_y \cdot \omega_x\omega_z + m_y \\[2mm]
\dfrac{\mathrm{d}\omega_z}{\mathrm{d}t} = \alpha_z \cdot \omega_x\omega_y + m_z
\end{cases}
\tag{11-17a}
$$

另有

$$
\begin{cases}
\dfrac{1}{V}\dfrac{\mathrm{d}V}{\mathrm{d}t} = \bar{a}_x\cos\alpha\cos\beta - \bar{a}_y\sin\alpha\cos\beta + \bar{a}_z\sin\beta \\[3mm]
\dfrac{\mathrm{d}\psi}{\mathrm{d}t} = \dfrac{1}{\cos\theta}\,(\omega_y\cos\gamma - \omega_z\sin\gamma)
\end{cases}
\tag{11-17b}
$$

V 是质心的速度。式 (11-17b) 的两方程可以独立出来。现在我们研究式 (11-17a)。

在作稳定性分析时,气动力矩 m_x、m_y、m_z 可近似采用以下公式计算

$$m_x = \left(\frac{\partial m_x}{\partial \gamma}\right)_0 \Delta\gamma + \left(\frac{\partial m_x}{\partial \omega_x}\right)_0 \Delta\omega_x + \cdots$$

$$m_y = \left(\frac{\partial m_y}{\partial \beta}\right)_0 \Delta\beta + \left(\frac{\partial m_y}{\partial \omega_y}\right)_0 \Delta\omega_y + \cdots$$

$$m_z = \left(\frac{\partial m_z}{\partial \alpha}\right)_0 \Delta\alpha + \left(\frac{\partial m_z}{\partial \omega_z}\right)_0 \Delta\omega_z + \cdots$$

对方程 (11-17a) 我们仍用小扰动展开法分析。设 $x = x_0 + \Delta x$,是系统又多考虑了约束力的贡献,其状态 $x_0 = (\gamma_0, \omega_{x0}, \theta_0, \alpha_0, \beta_0, \omega_{y0}, \omega_{z0})$,小扰动 $\Delta x = (\Delta\gamma, \Delta\omega_x, \Delta\theta, \Delta\alpha, \Delta\beta, \Delta\omega_y, \Delta\omega_z)^{\mathrm{T}}$ 及在状态 x_0 下,$\dfrac{\mathrm{d}x_0}{\mathrm{d}t} = \boldsymbol{F}(x_0)$,和

$$\frac{\mathrm{d}\Delta x}{\mathrm{d}t} = F(x_0 + \Delta x) - F(x_0)$$

其中

$$\Delta x = x - x_0, \quad \boldsymbol{A} = \left.\frac{\partial \boldsymbol{F}}{\partial x}\right|_{x_0}$$

都可给出,这里由于状态与上面讨论的不同,表达式均与上面讨论的式 (11-3)~ 式 (11-5a),(11-5b) 不同。

这时矩阵 $\boldsymbol{A}$ 可由下式右端给出:

$$
\begin{cases}
\dfrac{\mathrm{d}\Delta\gamma}{\mathrm{d}t} = \Delta\omega_x + \tan\theta_0\omega_{y0}\sin\gamma_0\Delta\gamma + \tan\theta_0\omega_{z0}\cos\gamma_0\Delta\gamma \\[3mm]
\qquad\quad - \dfrac{\omega_{y0}\cos\gamma_0}{\cos\theta_0^2}\Delta\theta + \dfrac{\omega_{z0}\cos\gamma_0}{\cos\theta_0^2}\Delta\theta - \tan\theta_0\cos\gamma_0\Delta\omega_{y0} \\[3mm]
\qquad\quad + \tan\theta_0\sin\gamma_0\Delta\omega_{z0} \\[3mm]
\dfrac{\mathrm{d}\Delta\omega_x}{\mathrm{d}t} = \alpha_x\omega_{y0}\Delta\omega_z + \alpha_x\omega_{z0}\Delta\omega_y + m_x^\gamma\Delta\gamma + m_x^{\omega_x}\Delta\omega_x \\[3mm]
\dfrac{\mathrm{d}\Delta\theta}{\mathrm{d}t} = \omega_{y0}\cos\gamma_0\Delta\gamma - \omega_{z0}\sin\gamma_0\Delta\gamma + \sin\gamma_0\Delta\omega_y + \cos\gamma_0\Delta\omega_z \\[3mm]
\dfrac{\mathrm{d}\Delta\alpha}{\mathrm{d}t} = \Delta\omega_z + \tan\beta_0\omega_{y0}\cos\alpha_0\Delta\alpha + \tan\beta_0\sin\alpha_0\Delta\omega_y \\[3mm]
\qquad\quad + \tan\beta_0\omega_{x0}\sin\alpha_0\Delta\alpha - \tan\beta_0\cos\alpha_0\Delta\omega_x \\[3mm]
\qquad\quad + \dfrac{\omega_{y0}\sin\alpha_0}{\cos\beta_0^2}\Delta\beta - \dfrac{\omega_{x0}\cos\alpha_0}{\cos\beta_0^2}\Delta\beta + f_\alpha\Delta\alpha + f_\beta\Delta\beta \\[3mm]
\dfrac{\mathrm{d}\Delta\beta}{\mathrm{d}t} = -\omega_{y0}\sin\alpha_0\Delta\alpha + \cos\alpha_0\Delta\omega_y \\[3mm]
\qquad\quad + \omega_{x0}\cos\alpha_0\Delta\alpha + \sin\alpha_0\Delta\omega_x + g_\alpha\Delta\alpha + g_\beta\Delta\beta \\[3mm]
\dfrac{\mathrm{d}\Delta\omega_y}{\mathrm{d}t} = \alpha_y\omega_{x0}\Delta\omega_z + \alpha_y\omega_{z0}\Delta\omega_x + m_y^\beta\Delta\beta + m_y^{\omega_y}\Delta\omega_y \\[3mm]
\dfrac{\mathrm{d}\Delta\omega_z}{\mathrm{d}t} = \alpha_z\omega_{x0}\Delta\omega_y + \alpha_z\omega_{y0}\Delta\omega_x + m_z^\alpha\Delta\alpha + m_z^{\omega_z}\Delta\omega_z
\end{cases}
$$

$$(11\text{-}18)$$

式中

$$
f_\alpha = -\left(\frac{\bar{a}_x\sin\alpha_0}{\cos\beta_0}\cot\alpha_0 - \bar{a}_y\frac{\cos\alpha_0}{\cos\beta_0}\tan\alpha_0 \right)
$$

$$
f_\beta = -\left(\frac{\bar{a}_x\sin\alpha_0}{\cos\beta_0}\tan\beta_0 + \bar{a}_y\frac{\cos\alpha_0}{\cos\beta_0}\tan\beta_0 \right)
$$

$$
g_\alpha = \bar{a}_x\sin\beta_0\cos\alpha_0\tan\alpha_0 + \bar{a}_y\sin\beta_0\sin\alpha_0\cot\alpha_0
$$

$$
g_\beta = -\bar{a}_x\sin\beta_0\cos\alpha_0\cot\beta_0 + \bar{a}_y\sin\beta_0\sin\alpha_0\cot\beta_0 - \bar{a}_z\cos\beta_0\tan\beta_0
$$

或者可将式 (11-18) 写成如下形式：

$$\frac{\mathrm{d}\Delta x}{\mathrm{d}t} = \boldsymbol{A}\Delta x$$

$$
= \begin{pmatrix}
\tan\theta_0 \begin{pmatrix} \omega_{y0}\sin\gamma_0 \\ +\omega_{z0}\cos\gamma_0 \end{pmatrix} & 1 & \dfrac{\begin{pmatrix} \omega_{z0}\cos\gamma_0 \\ -\omega_{y0}\cos\gamma_0 \end{pmatrix}}{\cos\theta_0^2} & 0 \\[4ex]
m_x^\gamma & m_x^{\omega_x} & 0 & 0 \\[2ex]
\begin{pmatrix} \omega_{y0}\cos\gamma_0 \\ -\omega_{z0}\sin\gamma_0 \end{pmatrix} & 0 & 0 & 0 \\[4ex]
0 & -\tan\beta_0\cos\alpha_0 & 0 & \tan\beta_0\begin{pmatrix} \omega_{y0}\cos\alpha_0 \\ +\omega_{x0}\sin\alpha_0 + f_\alpha \end{pmatrix} \\[4ex]
0 & \sin\alpha_0 & 0 & \begin{pmatrix} -\omega_{y0}\sin\alpha_0 \\ +\omega_{x0}\cos\alpha_0 + g_\alpha \end{pmatrix} \\[4ex]
0 & \alpha_y\omega_{z0} & 0 & 0 \\[2ex]
0 & 0 & 0 & m_z^\alpha
\end{pmatrix}
$$

$$
\begin{pmatrix}
0 & -\tan\theta_0\cos\gamma_0 & \tan\theta_0\sin\gamma_0 \\[2ex]
0 & \alpha_x\omega_{z0} & \alpha_x\omega_{y0} \\[2ex]
0 & \sin\gamma_0 & \cos\gamma_0 \\[2ex]
\begin{pmatrix} \omega_{y0}\sin\alpha_0 \\ \dfrac{-\omega_{x0}\cos\alpha_0}{\cos\beta_0^2} + f_\beta \end{pmatrix} & \tan\beta_0\sin\alpha_0 & 1 \\[4ex]
g_\beta & \cos\alpha_0 & 0 \\[2ex]
m_y^\beta & m_y^{\omega_y} & \alpha_y\omega_{x0} \\[2ex]
\alpha_z\omega_{y0} & \alpha_z\omega_{x0} & m_z^{\omega_z}
\end{pmatrix}
\cdot
\begin{pmatrix}
\Delta\gamma \\ \Delta\omega_x \\ \Delta\theta \\ \Delta\alpha \\ \Delta\beta \\ \Delta\omega_y \\ \Delta\omega_z
\end{pmatrix}
$$

$$(11\text{-}19)$$

11.4.1 特征值分析方法

也选择两个简单的初始状态。

(1) 状态 x_0 $(\gamma_0 = 0, \omega_{x0} = 0, \theta_0 = 0, \alpha_0 = 0, \beta_0 = 0, \omega_{y0} = 0, \omega_{z0} = 0)$ 的情况。此时

$$\frac{\mathrm{d}x}{\mathrm{d}t} = \boldsymbol{A}x \qquad (11\text{-}20)$$

矩阵 $\boldsymbol{A}$ 可以写成如下形式：

$$\boldsymbol{A} \equiv \begin{bmatrix} 0 & 1 & 0 & 0 & 0 & 0 & 0 \\ m_x^\gamma & m_x^{\omega_x} & 0 & 0 & 0 & 0 & 0 \\ 0 & 0 & 0 & 0 & 0 & 0 & 1 \\ 0 & 0 & 0 & \bar{a}_x & 0 & 0 & 1 \\ 0 & 0 & 0 & 0 & -\bar{a}_x & 1 & 0 \\ 0 & 0 & 0 & 0 & m_y^\beta & m_y^{\omega_y} & 0 \\ 0 & 0 & 0 & m_z^\alpha & 0 & 0 & m_z^{\omega_z} \end{bmatrix} \quad x = \begin{bmatrix} \Delta\gamma \\ \Delta\omega_x \\ \Delta\theta \\ \Delta\alpha \\ \Delta\beta \\ \Delta\omega_y \\ \Delta\omega_z \end{bmatrix} \qquad (11\text{-}21)$$

(2) 状态 x_0 $(\gamma_0 = 0, \omega_{x0} = 0, \theta_0 = \alpha_0 = \alpha_0, \beta_0 = 0, \omega_{y0} = 0, \omega_{z0} = 0)$ 的情况。此时

$$\frac{\mathrm{d}x}{\mathrm{d}t} = \boldsymbol{A}x \qquad (11\text{-}22)$$

矩阵 $\boldsymbol{A}$ 可以写成如下形式：

$$\boldsymbol{A} \equiv \begin{bmatrix} 0 & 1 & 0 & 0 & 0 & -\tan\alpha_0 & 0 \\ m_x^\gamma & m_x^{\omega_x} & 0 & 0 & 0 & 0 & 0 \\ 0 & 0 & 0 & 0 & 0 & 0 & 1 \\ 0 & 0 & 0 & \begin{matrix} \bar{a}_x\cos\alpha_0 \\ -\bar{a}_y\sin\alpha_0 \end{matrix} & 0 & 0 & 1 \\ 0 & \sin\alpha_0 & 0 & 0 & \begin{matrix} -\bar{a}_x\cos\alpha_0 \\ +\bar{a}_y\sin\alpha_0 \end{matrix} & \cos\alpha_0 & 0 \\ 0 & 0 & 0 & 0 & m_y^\beta & m_y^{\omega_y} & 0 \\ 0 & 0 & 0 & m_z^\alpha & 0 & 0 & m_z^{\omega_z} \end{bmatrix} \quad x = \begin{bmatrix} \Delta\gamma \\ \Delta\omega_x \\ \Delta\theta \\ \Delta\alpha \\ \Delta\beta \\ \Delta\omega_y \\ \Delta\omega_z \end{bmatrix}$$

$$(11\text{-}23)$$

有了矩阵，我们就可进行特征分析工作。这里别看矩阵 $\boldsymbol{A}(x_0)$ 变化不大，特征分析工作还是很大的。此处我们不去进一步分析。

11.4.2 李雅普诺夫指数法

这里使用李雅普诺夫指数法。出发方程为式 (11-20) 和式 (11-22)，或下式

$$\frac{\mathrm{d}\Delta x}{\mathrm{d}t} = f\left(x_0 + \Delta x\right) - f\left(x_0\right) \tag{11-24}$$

假定初始的扰动为 $(\Delta x_i)_0$，计算

$$\left|\frac{\Delta x_i}{(\Delta x_i)_0}\right| = \mathrm{e}^{\sigma_i t} \tag{11-25}$$

为了简单，计算是初始状态为 $x_0(\gamma_0 = 0, \omega_{x0} = 0, \theta_0 = 0, \alpha_0 = 0, \beta_0 = 0, \omega_{y0} = 0, \omega_{z0} = 0)$ 的情况。假设 m_x^γ、m_y^β、m_z^α、$m_x^{\omega_x}$、$m_y^{\omega_y}$、$m_z^{\omega_z}$ 都已给定 (均为负)，计算采用的是 4 阶 Runge-Kutta 方法。现把计算的一些结果分述如下。

当 $\bar{a}_x = 0, \bar{a}_y = 0, \bar{a}_z = 0$ 时，已经计算过了，见图 11-1。初值 x_0 的变化是点吸引子。当 $\bar{a}_x = 0.1, -0.1, 0.2, -0.2$，$\bar{a}_y = 0, \bar{a}_z = 0$ 时，图 11-5～ 图 11-8 给出了滚转角 γ、转动角速度 ω_x、攻角 α 和侧滑角 β 随时间的变化。可以看出当 $\bar{a}_x$ 为正时 (0.1、0.2)，计算结果分成两个时间段：第一个时间段先是收敛于点吸引子，第二个时间段就进入了单周期或多周期吸引子状态 (图 11-5，图 11-7)。当 $\bar{a}_x$ 为负时 $(-0.1、-0.2)$，先是经过微弱的收敛，发散波动后形成滚转角较大的模态，以后出现收敛发散的复合模态，其攻角的轨迹有点像 "S" 型，以后进一步发展，形成不稳定发展的旋转模态。$\bar{a}_x = -0.1$ 时，表现的最清楚，$\bar{a}_x = -0.2$ 时，图像显有混沌像。

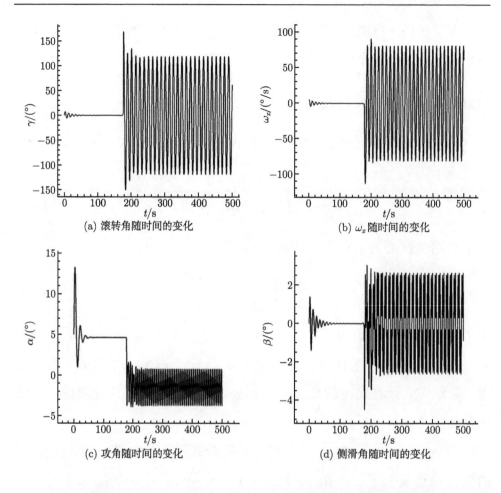

(a) 滚转角随时间的变化

(b) ω_x 随时间的变化

(c) 攻角随时间的变化

(d) 侧滑角随时间的变化

图 11-5　$\bar{a}_x = 0.1, \bar{a}_y = 0, \bar{a}_z = 0$ 时运动稳定的发展历程

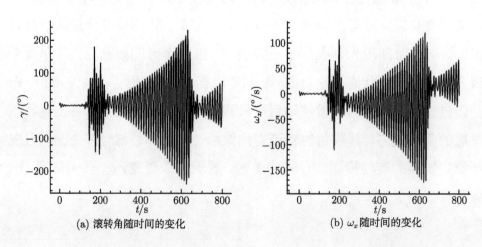

(a) 滚转角随时间的变化

(b) ω_x 随时间的变化

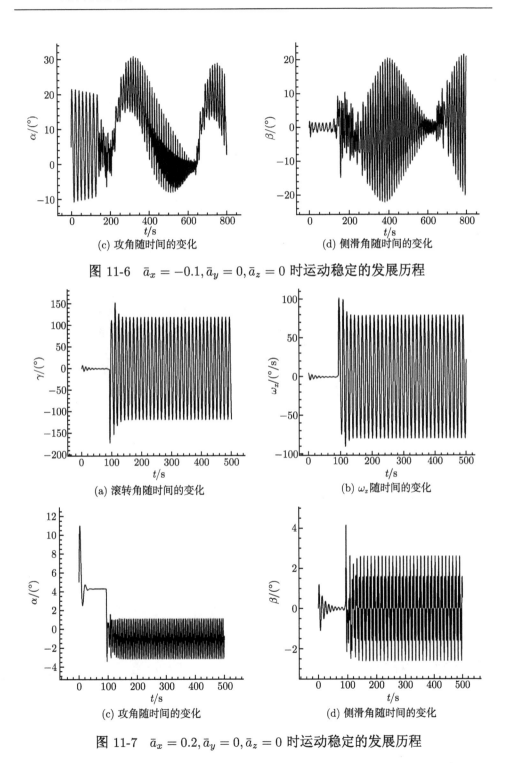

(c) 攻角随时间的变化

(d) 侧滑角随时间的变化

图 11-6 $\bar{a}_x = -0.1, \bar{a}_y = 0, \bar{a}_z = 0$ 时运动稳定的发展历程

(a) 滚转角随时间的变化

(b) ω_x 随时间的变化

(c) 攻角随时间的变化

(d) 侧滑角随时间的变化

图 11-7 $\bar{a}_x = 0.2, \bar{a}_y = 0, \bar{a}_z = 0$ 时运动稳定的发展历程

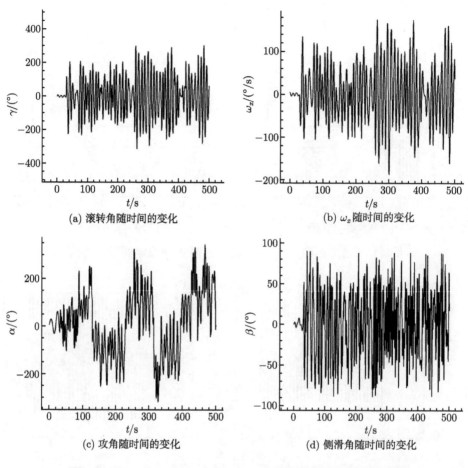

(a) 滚转角随时间的变化 (b) ω_x 随时间的变化

(c) 攻角随时间的变化 (d) 侧滑角随时间的变化

图 11-8　$\bar{a}_x = -0.2, \bar{a}_y = 0, \bar{a}_z = 0$ 时运动稳定的发展历程

11.5　小　　结

　　本章计算了两种飞行器的运动：一种是在三个轴向力矩作用下绕质心的转动，方程为式 (11-1a)；另一种除力矩外，又考虑了三个轴向约束力的运动，方程为式 (11-17a)。两个方程组都可表示为 $\dfrac{\mathrm{d}x}{\mathrm{d}t} = \boldsymbol{F}(x)$，其运动稳定性都可用同样的方法分析。设 $\dfrac{\mathrm{d}x_0}{\mathrm{d}t} = \boldsymbol{F}(x_0)$ 分别是两个系统的初始状态，可以有 $\dfrac{\mathrm{d}\Delta x}{\mathrm{d}t} = \boldsymbol{F}(x_0 + \Delta x) - F(x_0)$，其中 $\Delta x = x - x_0$。

处理该式有两种方法：一是求扰动展开该式可写成 $\dfrac{\mathrm{d}\Delta x}{\mathrm{d}t} = \boldsymbol{A}(x_0)\Delta x + g(x_0, \Delta x)$，这里 $g(x_0, \Delta x)$ 是高阶项，其运动稳定性可用矩阵分析法给出；二是直接从该式出发，通过求解李雅普诺夫指数来获得运动稳定性。本章就是按其思路展开的。

参 考 文 献

[1] 高浩，朱培申，高正红. 高等飞行动力学. 北京: 国防工业出版社，2004.

[2] 张兆. 飞行器运动与 Navier-Stokes 方程耦合的数值模拟与物理分析. 绵阳: 中国空气动力研究与发展中心，2010.

[3] 张现峰. 高超声速飞行器动态特性研究. 绵阳: 中国空气动力研究与发展中心，2012.

附　　录

稀薄气体绕流气动特性的 Monte Carlo 模拟

本书对有攻角的组合旋成体的稀薄气体过渡区绕流问题建立三维统计模型，同时推荐了一种模拟分子加权的方法，进行了一系列计算。

表 1　主要符号

参数符号	物理意义
A	流场径向长度 (对于 λ_∞ 无量纲化)
B	流场在 X 方向的半长 (对于 λ_∞ 无量纲化)
C	分子热运动速度 (对于 Cm_∞ 无量纲化)
Cm_∞	来流中分子热运动最可几速度
N_0	初始模拟分子总数
n	数密度
$\tilde{u}$	无量纲数密度
R_i, R_j, R_k	(0~1) 区间均分分布的随机数
r	径向坐标 (对于 λ_∞ 无量纲化)
S	宏观速度与 Cm_∞ 之比
S'	沿物面坐标 (对于 λ_∞ 无量纲化)
T	温度 (对于 T_∞ 无量纲化)
T_w	壁温 (对于 T_∞ 无量纲化)
T_{w1}	壁温 (对于 T_0 无量纲化)
T_0	见式 (25)
t	时间
V	速度 (对于 Cm_∞ 无量纲化)
α'	攻角
λ	分子平均碰撞自由程
ϕ	辐角
Kn_D	λ_∞ 与物体底部直径 D 之比
C_p	压力系数
C_f	摩阻系数

	参数符号	物理意义
	St	热交换系数
	C_A	轴向力系数
	C_N	法向力系数
	C_m	力矩系数
下标	∞	远前方来流条件
	i, j, k	网格节点

一、引言

几十年来，从事稀薄气体动力学研究的学者们作了广泛的探索，力图求解玻尔兹曼 (Boltzmann) 方程，但至今尚未获得重大突破 [1,2]。对于实际问题，应当说，由 Bird 所发展的统计模拟 (又称 Monte Carlo) 方法是个例外 [3-5]。这个方法几乎能在整个过渡区为飞行器提供气动数据。

Monte Carlo 方法的特点是不直接去求解表述问题的方程；而是去模拟物理过程，用统计平均值作为原分析问题的近似解。

本书在 Bird 以及我们以往工作的基础上 [5,6]，建立了组合旋成体三维绕流的统计模型，并对具体外形做了一系列计算。给出了压力系数 C_p、摩阻系数 C_f、热交换系数 St 等局部量，还给出了轴向力系数 C_A、法向力系数 C_N、力矩系数 C_m 以及压心位置等总体宏观量。

本书以及文献的结果和实验符合的较好，在使用本书推荐的加权方案时能达到节省内存和机时的目的，其精度不变。

二、模拟理论

处在飞行状态中的物体或风洞中的模型，由于和气体分子之间的碰撞而产生能量和动量交换。实际上，这就是气动力和气动加热的来源。在自由分子流状态，来流分子与从壁面反射的分子之间不发生碰撞，气体分子直接与物面进行能量和动量交换。随着 Kn_D 的减小，分子之间的能量和动量交换变得越来越不可忽视，和物面碰撞的已经不是来流中未受扰动的气体分子。

1. 流场的划分和网格的确定

划定一定的空间域，称为流场，流场的形状以及它在各个方向的尺度与所要计算的物形，Kn_D 数和状态有关。

为了计算流动中各点的气动参数，要将流场划分成网格。网格的特征长度通常取为来流中的分子平均碰撞自由程或它的若干分之一。本文中的网格特征长度一律取为一个分子平均碰撞自由程。由于我们研究有攻角旋成体的绕流问题，因此只需考察半个流场。

对于三维流场，如图 1 所示，要将其沿轴向，辐角方向和径向各分成 m_x，m_φ 和 m_r 等份，同时令 i, j, k 为网格代号。其中，i 是 $X = 0$ 起算的扇形序号；j 为由 y 轴起算的辐角方向的网格序号；k 是由对称轴起算的网格序号，起点均为零。节点 i, j, k 只取整数。

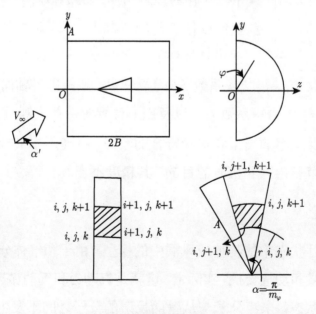

图 1 　三维流场和网格划分

2. 初始条件

在初始时刻，要求全部模拟分子均匀地分布在流场中。如果以 $2B$ 和 A 分别表示流场在 X(轴) 方向和 r(径) 方向的尺度，则十分明显数密度 n_∞ 应为

$$n_\infty = \frac{N_0}{\pi \cdot A^2 \cdot B} \tag{1}$$

各网格分得的分子数是

$$N_{i,j,k}^{(0)} = \frac{N_0 \cdot \alpha}{2\pi \cdot A^2 \cdot B} \left(2r_{i,j,k+1}\right) \tag{2}$$

式中，α 是网格辐角平面的夹角，大小取决于 m_φ。

为了简单，在 N_0 选取时应力求使其能被 $2B$ 整除。一般说，按式 (2) 算得的 $N_{i,j,k}^{(0)}$ 不会都是整数，这时必须用随机数处理。

分子在各网格中的位置要满足统计意义上的均匀要求。很显然，在 i, j, k 网格内初始分子的位置应当是

$$\begin{cases} X = X_{i,j,k} + R_i \\ r = \sqrt{r_{i,j,k}^2 + (2r_{i,j,k} + 1) R_j} \\ \varphi = \varphi_{i,j,k} + \alpha \cdot R_k \end{cases} \tag{3}$$

分子的初始速度是由两部分构成的，即统一的宏观速度 (S) 和分子的热运动速度。

为求得热运动速度，通常先将 Maxwell 分布截尾。计算表明，将热运动速度限制在 0~3 范围是合适的。

研究随机数 R_i 和 R_{i+1}，若

$$R_{i+1} \leqslant f\left(3R_i\right) \tag{4}$$

得到满足，则

$$C = 3R_i$$

否则选取无效, 应重复上述过程。f 具有下列形式:

$$f(\xi) = \xi^2 \exp\left(1 - \xi^2\right) \tag{5}$$

这种选取方法的数学含义十分明显, 实际上选中的点全位于分布曲线与速度轴之间。从统计观点看, 这些点的分布刚好和 Maxwell 分布相适应。

热运动速度的三个分量用下式确定

$$\begin{cases} C_x = C \cdot \sin r \cdot \cos 2\pi R j \\ C_y = C \cdot \sin r \cdot \sin 2\pi R j \\ C_z = C \cdot \cos r \end{cases} \tag{6}$$

其中

$$\cos r = 2R_K - 1 \tag{7}$$

最后, 分子在三个方向上的速度是

$$\begin{cases} V_x = S \cdot \cos \alpha' + C_x \\ V_y = S \cdot \sin \alpha' + C_y \\ V_z = C_z \end{cases} \tag{8}$$

3. 物体的放置

初始流场建立起来之后, 将物体或模型放入流场中。位于物体内部的分子应从计算中除去。在一般情况下, 物体边界上会出现不完全网格。所谓不完全网格就是指有一部分处于物体内部的网格。不完全网格的处理是一项极其繁杂的工作, 这里从略。

4. 碰撞的判断与碰撞分子对的选取

碰撞是分子之间能量和动量的交换形式。由于我们研究稀薄气体问题, 因此更有理由认为只发生二体碰撞。

本书采用弹性球分子模型。

文献指出，关于 $\Delta\tilde{t}$ 的选取有两个约束条件：一个是分子不得在 $\Delta\tilde{t}$ 时间间隔内穿过一个网格；另一个是为了使整个流场计算同步，必须对所有网格选取统一 $\Delta\tilde{t}$，且

$$\Delta\tilde{t} = \frac{2}{\left(N_{i,j,k}\tilde{u}_{i,j,k}\tilde{\bar{C}}_{i,j,k}\right)_{\max}} \tag{9}$$

条件 (9) 表明，在 $\Delta\tilde{t}$ 内，任何一个网格里的碰撞次数将不会大于 1。实际上，决定 $\Delta\tilde{t}$ 数值的是物面附近的网格。在物体的迎风面，分子的数密度会显著增加，从而使 $\Delta\tilde{t}$ 变小。倘若以这样的 $\Delta\tilde{t}$ 作为统一的时间步长，则在流场的大部分网格里将不发生或很少发生碰撞，想成所谓"空扫描"，这种方法已被证明是不可取的。

本书采用给定时间步长 $\Delta\tilde{t}$ 的方法。在此时间间隔里允许发生一次以上的碰撞。

对于肯定发生的碰撞，进一步要选取参与碰撞的一对分子。我们可以假定，处于一个网格内的分子相互间发生碰撞的概率与它们的相对位置无关，而只与两者的相对速度大小成正比。计算证明，这种假定是可行的。严格的做法是先求出网格内分子的相对速度

$$V_{ij} = \sqrt{\left(V_{ix} - V_{jx}\right)^2 + \left(V_{iy} - V_{jy}\right)^2 + \left(V_{iz} - V_{jz}\right)^2} \tag{10}$$

将它们归一化，再用随机数选取。

文献 [8] 推荐列表的方法，部分地达到了节省内存的目的。在文献 [9] 中则进一步采用了分组的方法和参考 $(V_{ij})_{\max}$ 方法，其结果和计算速度大体相同。实际上，由于两个分子相碰的概率与它们的相对速度成正比，我们可以写

$$\frac{P}{P_{\max}} = \frac{V_{ij}}{(V_{ij})_{\max}} \tag{11}$$

并认为 $P_{\max}=1$。虽然网格中的 $V_{\max}$ 在未比较所有的相对速度之前是未知的，但可以找到权宜之计，即先用该网的分子平均热运动速度代替它。

然后在网格中随机选取一对分子, 其相对速度是 V_{12}, 如果

$$V_{12} \geqslant \tilde{\tilde{C}}_{i,j,k} \tag{12}$$

认为选中, 否则取随机数 R_i, 若

$$R_i \leqslant \left(V_{12} \Big/ \tilde{\tilde{C}}_{i,j,k} \right) \tag{13}$$

仍然认为入选; 否则重复上述过程。当不等式 (12) 得到满足时, 将 $(V_{ij})_{\max}$ 在式 (11) 中的位置用 V_{12} 取代之, 再进行下一碰撞分子对的选取。

5. 碰撞后的速度和运动后的位置

分子碰撞后的速度已由分子运动论给出。

在各网格中的碰撞判断和计算完毕之后, 应使所有分子运动 $\Delta \tilde{t}$ 时刻。以下标 1, 2 分别表示 $\Delta \tilde{t}$ 开始和终了时的量, 我们有

$$\begin{cases} X_2 = X_1 + \Delta \tilde{t} \cdot V_x \\ Y_2 = Y_1 + \Delta \tilde{t} \cdot V_y \\ Z_2 = Z_1 + \Delta \tilde{t} \cdot V_z \end{cases} \tag{14}$$

以及

$$r_2 = \sqrt{Y_2^2 + Z_2^2} \tag{15}$$

6. 边界条件

入口面、出口面以及 $r = A$ 的柱面等处边界都是分子的汇, $Z = 0$ 的平面为对称面, 当分子跨越此平面时, 其 $\Delta \tilde{t}$ 终了时的 z 方向的速度和位置同时改变符号。

随着流场内分子的运动, 在流场入口面附近将形成某种真空, 为了保持流场的连贯性, 每一 $\Delta \tilde{t}$ 时刻都要在入口面补充分子。

本书按两种壁面反射模型进行了计算，第一种模型是根据文献 [3] 的基本思想导出的；第二种取自文献 [10]。

第一种模型的三个速度分量是

$$
\begin{cases}
V_x = \left(\begin{array}{l} \left[\{-\ln(R_i)\}^{1/2} \cos 2\pi R_k \cos\beta - \{-\ln(R_i)\}^{1/2} \sin\beta \right] \sin\varphi \\ + \{-\ln(R_i)\}^{1/2} \sin 2\pi R_k \cos\varphi \end{array} \right) \sqrt{T_W} \\[3ex]
V_y = \left(\begin{array}{l} \left[\{-\ln(R_i)\}^{1/2} \cos\beta + \{-\ln(R_i)\}^{1/2} \cos 2\pi R_k \sin\beta \right] \cdot \cos\phi \\ - \{-\ln(R_i)\}^{1/2} \sin 2\pi R_k \sin\varphi \end{array} \right) \sqrt{T_W} \\[3ex]
V_z = \left(\begin{array}{l} \{-\ln(R_i)\}^{1/2} \sin 2\pi R_k \cos\varphi \\ + \left[\begin{array}{l} \{-\ln(R_i)\}^{1/2} \cos\beta \\ + \{-\ln(R_i)\}^{1/2} \cos 2\pi R_k \sin\beta \end{array} \right] \sin\varphi \end{array} \right) \sqrt{T_W}
\end{cases}
\tag{16}
$$

第二种反射模型的三个速度分量是

$$
\begin{cases}
V_x = C_W \cdot \sin\pi R_i \cdot \cos(\pi R_j + \beta) \\
V_y = C_W \cdot [\sin\pi R_i \cdot \sin(\pi R_j + \beta)\cos\varphi - \cos\pi R_i \sin\varphi] \\
V_z = C_W \cdot [\cos\pi R_i \cos\varphi + \sin\pi R_i \sin(\pi R_j + \beta)\sin\varphi]
\end{cases}
\tag{17}
$$

式中

$$
\tan\beta = \frac{\partial F}{\partial x}
\tag{18}
$$

F 为物面方程。

式 (17) 中的 C_W 由 Maxwell 分布确定，方法与确定分子热运动速度时类同。

7. 宏观量公式

压力系数

$$C_p = \frac{2}{n_\infty \cdot S^2 \cdot \Delta \tilde{t}^s \cdot \Delta S} \cdot \sum_{\Delta S} \left\{ \begin{array}{l} (V_x - V_x') \cos\theta \\ -(V_y - V_y') \sin\theta \cdot \cos\varphi \\ -(V_z - V_z') \sin\theta \cdot \sin\varphi \end{array} \right\} \tag{19}$$

式中，$\theta = \dfrac{\pi}{2} - \beta$；"′" 表示反射量；$\Delta S$ 为物面上的微元面积；$\Delta \tilde{t}^s$ 为抽样周期。

摩阻 (尽部轴向力) 系数

$$C_f = \frac{2}{n_\infty \cdot S^2 \cdot \Delta \tilde{t}^s \cdot \Delta S} \cdot \sum_{\Delta S} (V_x - V_x') \tag{20}$$

轴向力系数

$$C_A = \frac{2}{n_\infty \cdot S^2 \cdot \Delta \tilde{t}^s \cdot S_b} \cdot \sum_{S_a} (V_x - V_x') \tag{21}$$

式中，S_b 为参考面积；S_a 为整个物面。

法向力系数

$$C_N = \frac{2}{n_\infty \cdot S^2 \cdot \Delta \tilde{t}^s \cdot S_b} \cdot \sum_{S_a} (V_y - V_y') \tag{22}$$

力矩系数

$$C_m = -C_N \frac{X_{C_p}}{L} + C_A \frac{Y_{C_p}}{L} \tag{23}$$

式中，L 为参考长度；X_{C_p} 和 Y_{C_p} 为压心的位置坐标。

$$\left\{ \begin{array}{l} X_{C_p} = \dfrac{1}{C_N} \cdot \dfrac{2}{n_\infty \cdot S^2 \cdot \Delta \tilde{t}^s \cdot S_b} \cdot \displaystyle\sum_{S_a} (V_y - V_y') \cdot X \\[4mm] Y_{C_p} = \dfrac{1}{C_A} \cdot \dfrac{2}{n_\infty \cdot S^2 \cdot \Delta \tilde{t}^s \cdot S_b} \cdot \displaystyle\sum_{S_a} (V_x - V_x') \cdot Y \end{array} \right. \tag{24}$$

式中，X 和 Y 是分子在物面上的反射点的坐标。

热交换系数

$$
\begin{cases}
St = \dfrac{r-1}{r \cdot n_\infty \cdot S\,(T_0 - T_W) \cdot \Delta \tilde{t}^s \cdot \Delta S} \\[2mm]
\qquad \sum_{S_a} \left(V_x^2 + V_y^2 + V_z^2 - V_x^{12} - V_y^{12} - V_z^{12}\right) \\[2mm]
T_0 = 1 + \dfrac{\gamma-1}{\gamma} S^2
\end{cases}
\tag{25}
$$

式中，γ 为比热比。

8. 加权技术

在此之前，我们规定每个模拟分子所代表的真实气体分子数是相等的。换句话说模拟分子具有相同的权重。这样做的好处是思路清楚；不过，由于采用大量模拟分子，对机器内存和速度要求很高，一般只能计算 Kn_D 不很小的情况。

为了扩大模拟计算范围，必须采用加权技术。所谓加权就是赋予流场不同部位的模拟分子以不同的权重，即令它们代表不同数目的真实气体分子。在模拟分子的初始分配中，已经注意到，各网格内的模拟分子数，随其距对称轴距离的增加呈线性增长。流场径向边界附近的网格分子占据了大部分内存，因此，很自然地想到径向加权。

本书采用的加权因子为 $(2r_{i,j,k+1})$，$r_{i,j,k}$ 是坐标为 (i,j,k) 的网格的节点在径向的坐标 (图 1)。由于权重的差别，当模拟分子在径向由一个网格跨进另一个网格时，它可能消失、继续存在或派生为几个模拟分子。

举例说，当模拟分子由标号为 i,j,k 的网格进入标号为 $i,j,k+1$ 的网格时，应当用随机数判断其是否继续存在，当

$$
R_i \leqslant \frac{2r_{i,j,k}+1}{2r_{i,j,k+1}+1} = \frac{2r_{i,j,k}+1}{2r_{i,j,k}+3}
$$

时，分子继续存在；否则消失。

如果模拟分子由标号为 $i, j, k+1$ 的网格进入标号为 i, j, k 的网格，则分子可能派生为几个。表达式 $\dfrac{2r_{i,j,k}+3}{2r_{i,j,k}+1}$ 的整数部分为必然生成的分子数，其小数部分用随机数判断，当

$$R_i \leqslant \left(\frac{2r_{i,j,k}+3}{2r_{i,j,k}+1}\right)$$

得到满足时，派生分子数加 1；否则不加。这里 "( )" 表示小数部分。

对于派生多个分子的情况，必须对分子的位置和速度加以人工处理，以保证空间任何点最多只为一个分子所占据，同时也使派生分子之间有产生碰撞的可能性。具体的做法是令派生分子中的一个保持 $\Delta \tilde{t}$ 终了时的位置和速度，从而另外一个或两个分子的位置和速度增量都不太大。例如，当只在 x 方向加人工处理时，三个分子在 x 方向的坐标和速度见表 2。

表 2　三个分子在 x 方向的坐标和速度

	坐标	速度
第一个分子	X	V_x
第二个分子	$X + \Delta X$	$V_x + \Delta V_x$
第三个分子	$X - \Delta X$	$V_x - \Delta V_x$

由于 ΔX 和 ΔV_x 是任意小量，因此不难做到使它们对最终结果的影响可以忽略不计。

加权后，有关公式要做相应的变动。

三、结果分析

本书用前面叙述的理论对组合旋成体的有攻角绕流作了一系列计算。旋成体外形如图 2 所示。

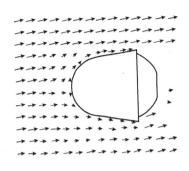

图 2　速度图谱

　　来流参数的变化范围是 $S = 16 \sim 22$；$T_{W1} = 0.1 \sim 0.3$（T_{W1} 是壁温-总温比）；攻角 $\alpha' = 0° \sim 20°$。计算是在国产 013 机上完成的。该机浮点运算次数为 200 万次/秒，内存 13 万字。不采用加权技术时，初始分子数在 2000~8500 之间，时间步长取 0.01~0.04，为了尽可能消除非平衡效应的影响，抽样开始于启动后 $40 \sim 60 \Delta \tilde{t}$。抽样周期为 $40 \sim 80 \Delta \tilde{t}$。攻角时，沿轴角方向分四个区；零攻角时分两个区。采用加权技术时，使用的初始加权分子数是 5000 左右。加权可以节省机时 1 倍左右。

　　图 2 是不采用加权技术时算得速度图。相应的参数是 $Kn_D = 0.167$，$\delta = 20$，$T_{W1} = 0.1$，$\alpha' = 10°$。图上数据取自辐角方向的第一区和第四区，这样 $\sqrt{V_x^2 + V_y^2}$ 可以近似地看成迎风面和背风面。线段的长短表示速度的大小，方向以箭头表示之。因为忽略 z 方向的速度，图上给出的实际上是 $(V_x^2 + V_y^2)^{1/2}$ 速度图损失了流动中的若干细节。首先，在驻点附近，速度的大小和方向都有明显变化；其次，在流场边界上，特别是在上边界，速度的绝对值和方向似乎都没有很大变化。对于速度场的分析还告诉我们，当 α' 较大时，流场的径向尺度也要相应增大，以免流场边界影响物面上的参数。

　　图 3~ 图 5 给出了采用加权技术时算得的 C_p，C_f 和 St。横坐标是以网格长度为单位的沿物面的坐标。虽然在辐角方向只分了三个区，但

迎风面和背风面的差别仍然一目了然。

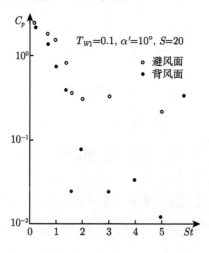

图 3　C_p 值

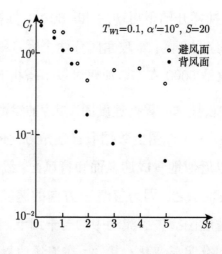

图 4　C_f 值

在图 6 上给出了气动力系数 C_A, C_N, C_m 随攻角 α' 的变化。$\alpha' = 0°, 5°, 10°, 20°$, 其中 $\alpha' = 0°$ 时的抽样周期是 $40\Delta\tilde{t}$, 其余均为 $80\Delta\tilde{t}$, $\alpha' = 10°$ 时的实心符合表示未加权的计算结果。

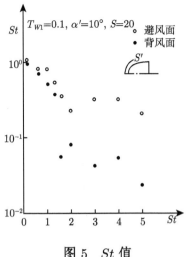

图 5　St 值

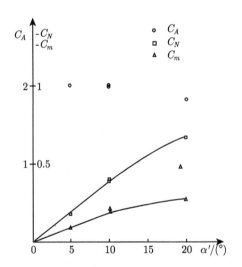

图 6　C_A, C_N, C_m 随攻角 α' 的变化

可见，加权方法是成功的。从图 6 上还可以看到 C_N, C_m 随攻角的线性变化，这跟稀薄气体实验中 (当攻角大不时) 得到的结论完全一致。

图 7 是压心位置随攻角的变化，"+" 符合为本文的计算结果。计算结果比连续流实验结果略低，但趋势是可以接受的。

关于温度，本书在图 8 中给出了等温度线，即把流场中温度相同的各点连接起来。由于壁温较低，因此被滞止后升温的气体，在壁面附近又相应地降低了温度。这个等温区大体上对称地分布于驻点附近。

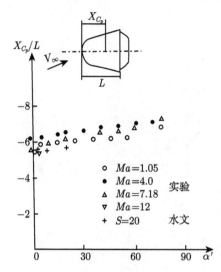

图 7   理论和实验的比较 (压心)

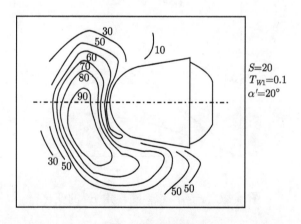

图 8   等温线图谱

四、结束语

在文献 [3]~[9] 所报道的二维和轴对称绕流的基础上，本书对有攻角组合旋成体建立了三维流计算模型，并做了一系列计算。为了克服计算机内存不足的困难，文献 [3] 提出了分子加权的很可贵的想法。根据这个想法，本书做了径向加权的尝试，在和不加权的结果比较后认为本书的加权办法是成功的，达到了节省内存和机时的目的，并保持了原来的精度。

本书以及文献 [6]~[9] 的计算结果和实验数据基本符合，因此可以说本书给出的 C_p, C_f, St, C_A, C_N, X_{Cp} 等一系列气动系数是可信的。还应当指出，由于采用了大量分子和长的抽样周期，本书计算值的随机起伏大约只为百分之一左右。

参 考 文 献

[1] 吴振宇, 李凤林, 林保真. 有攻角组合旋成体过渡区气动特性的统计模拟. 力学学报, 1981(02):88-92.

[2] Gorelov S L , Kogan M N . Solution of linear problems of rarefied gasdynamics by the Monte Carlo method. Fluid Dynamics, 1968, 3(6):96-98.

[3] Bird G A. Molecular Gas Dynamics . Oxford: Clarendon Press, 1976.

[4] Bird G A. Direct Simulation and the Boltzmann Equation. Physics of Fluids, 1970, 13(11):2676.

[5] Bird G A. Monte Carlo Simulation of Gas Flows. Annual Review of Fluid Mechanics, 1978, 10(1):11-31.

[6] 沈国光, 张涵信, 吴振宇. 稀薄气体动力学中的 Monte Carlo 方法. 1705 技术报告，1976.

[7] 吴振宇. 垂直平板稀薄气体绕流. 1705 所第一届气动年会报告, 1977.

[8] 李凤林, 吴振宇, 沈国光. 稀薄气体旋成体绕流计算 (应用蒙特卡罗方法). 计算数学, 1978, (3).

[9] 林保真, 李凤林, 吴振宇. 旋成体过渡区气动特性的统计模拟. 第二届空间热物理会议 (7801) 论文集, 1978.

[10] Takagi M. Monte Carlo Calculation of Hypersonic Rarefied Gas Flows past Two-Dimen-sional and Axisymmetric Bodies. ISAS report, 1971, 36(15):401-474.

后　记

在本书中，我们常提到定态解、周期解、准周期解和混沌解，提到倍周期解和通往混沌的道路。现在想对这方面的问题作一点补充说明。

1. 关于定态解

1912 年，荷兰科学家布劳维尔 (Brouwer) 提出了一个定理：

若 $y = f(x)$ 是连续函数，B 是由封闭曲面围成的区域，见图 a。$y = f(x)$ 可把 B 中的 x 一一对应的变成 B 中的 y，则在 B 内，必存在不动点 $y = f(x)$ (即 $x_n = f(x_n)$)，不动点也叫定态点。

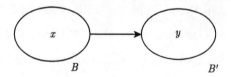

图 a　x, y 的对应关系

如果 $y = f(x)$ 将 $B \to B'$ (图 b)，可能就不存在不动点。

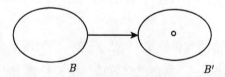

图 b　(B' 有孔洞)

这个定理首先被经济学家何罗–德布留应用在经济上，然后由斯卡夫首先求出不动点，给出找不动点的方法，这就解决了我们关心的定态解的存在和计算问题。

2. 关于周期解和混沌

1964 年苏联科学家沙–科夫斯基提出一个定理：

自然数可按以下序列全部排列

$$
\begin{array}{ccccc}
3 & 5 & 7 & 9 & \cdots \\
3 \times 2^1 & 5 \times 2^1 & 7 \times 2^1 & 9 \times 2^1 & \cdots \\
3 \times 2^2 & 5 \times 2^2 & 7 \times 2^2 & 9 \times 2^2 & \cdots \\
3 \times 2^3 & 5 \times 2^3 & 7 \times 2^3 & 9 \times 2^3 & \cdots \\
\cdots & \cdots & \cdots & \cdots & 2^5 \\
2^4 & 2^3 & 2^2 & 2^1 & 2^0
\end{array}
$$

如果 m 是以上序列中的一个数，n 是序列中 m 以后的任一自然数 (有多个)，则当迭代 $U^{n+1} = f(U^n)$ 有周期 m 的解时，即由初值 U^1 出发，迭代 m 次后又得到 U' $(U' = f(U^m), U^m = f(U^{m-1}), \cdots, U^2 = f(U^1))$，它一定具有周期 n 的值。

这个定理表明：

(1) 若有周期 2^k 的迭代解，一定有周期 $2^{n-1}, \cdots, 2^2, 2^1, 2^0$ 的解，即倍周期解存在；

(2) 若有周期 3 的迭代解，一定有周期为任意的无限个的解，这就是混沌。

这是多么令人兴奋的数学定理! 根据这个定理，有周期 2 的解，一定有周期 1 的解。有了周期 3 的解，一定存在任意周期的解。这样，只要有准周期 3 存在，其他任意的准周期解都有了。我们就更深刻地理解了周期解、准周期解、混沌解以及倍周期解的关系了。

1973 年，李天岩和约克研究了迭代问题，他们也发现了上述规律。他们说 "周期 3 解意味着混沌"(Period three implies chaos)，认为周期 3 奇特，一出现就有无限多的周期解出现。

　　再后，人们对三个准周期解，十分关注。对准周期解和混沌的数值计算面临的新局面的研究更多更深刻了。

张涵信

2018 年 5 月 3 日

彩　　图

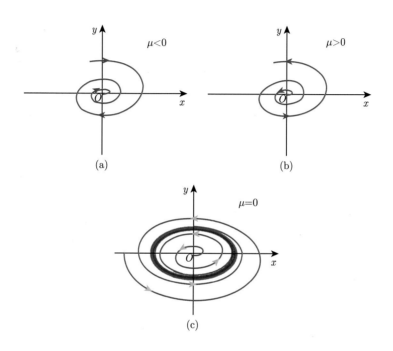

图 4-3　$\mu < 0$ 经 $\mu = 0$ 到 $\mu > 0$ 的角运动形态

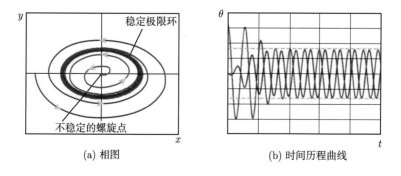

图 7-5　λ 由 $\lambda < 0$ 经 $\lambda = 0$ 变化到 $\lambda > 0$ 的形态

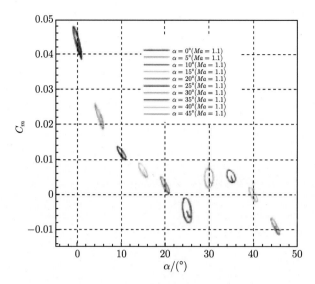

图 7-18　动态俯仰力矩系数

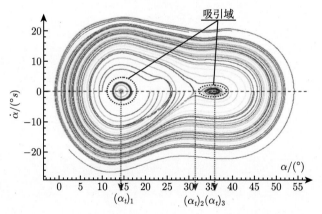

图 7-20　$Ma = 0.8, Re_\infty = 10^6$ 时三个平衡攻角的相图

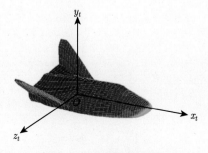

图 8-1　体轴坐标系

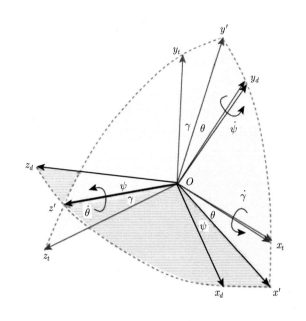

图 8-2 大地惯性坐标系与体轴坐标系之间的姿态角

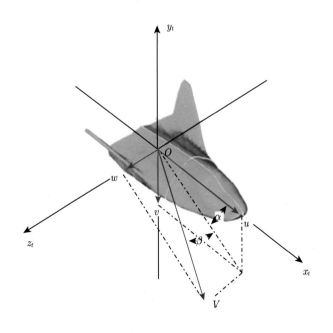

图 8-3 飞行速度在体轴系下的分解

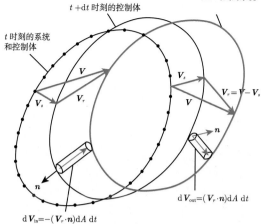

图 8-4 运动控制体的雷诺输运定律示意图

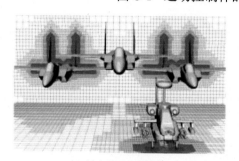

(a) 笛卡儿网格实例

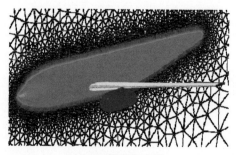

(b) 四面体网格实例

图 8-5 复杂外形的网格生成实例

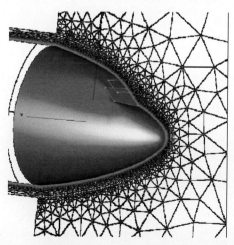

图 8-6 物面结构/内场非结构的混合网格

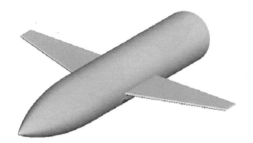

图 8-7 翼身组合体示意图

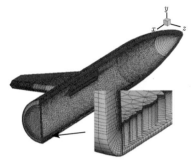

(a) 物面上的边界层网格, 六面体和三棱柱

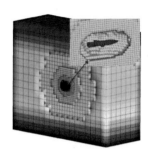

(b) 远场域八叉树网格及中间空洞区

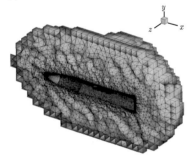

(c) 空洞区中填充的四面体和四棱锥网格

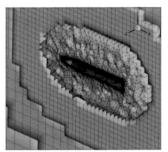

(d) 整个翼身体混合网格示意图

图 8-8 采用八叉树的混合网格生成示意图 (策略 1)

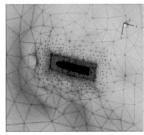

(a) 近壁面嵌套矩形区

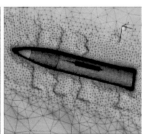

(b) 近壁面非结构网格

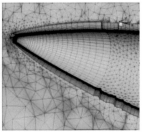

(c) 壁面上边界层网格

图 8-9 四面体型的混合网格生成示意图 (策略 2)

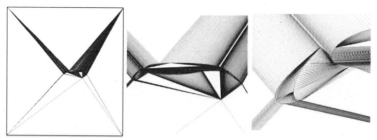

(a) 全场网格   (b) 主段翼附近网格   (c) 前缘缝翼附近网格

图 8-10   三段翼的背景网格示意图和局部网格放大图

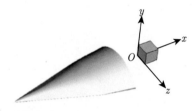

(a) 类 HTV-2 计算外形

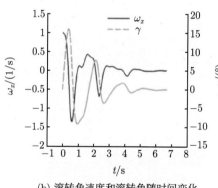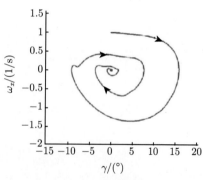

(b) 滚转角速度和滚转角随时间变化   (c) 相平面图

图 10-1   类 HTV-2 外形 FLAP 舵无偏转时的动态发展过程

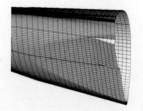

(a) 整体图   (b) 局部放大

图 10-2   类 HTV-2 左 FLAP 舵偏转 10° 时的情形